湿地与城市水生态环境

王 琳 王 丽 孔祥荣 著

科学出版社

北京

内 容 简 介

本书聚焦湿地与城市水生态的保护与修复实践，提出了发挥水文过程重要基础性作用与湿地独特的水生态功能，基于河流与湿地水生态过程，以流域为尺度，优化流域水系布局，修复流域水系形态，落实湿地空间，利用湿地改善流域水循环，保护水环境。提出构建以流域为尺度的流域国土空间规划的设想，实现多规融合与湿地技术协同。

基于流域水系与湿地改善城市水生态环境的实践案例，为规划设计人员进行城市水生态保护与修复提供参考，为工程技术和研究人员在城市水生态领域理论与技术创新提供了借鉴。

本书适合环境科学与工程领域的高校师生、工程技术人员、管理人员阅读参考。

图书在版编目（CIP）数据

湿地与城市水生态环境／王琳，王丽，孔祥荣著 . -- 北京：科学出版社，2025. 6. -- ISBN 978-7-03-082309-0

Ⅰ . X143

中国国家版本馆 CIP 数据核字第 2025DG5545 号

责任编辑：霍志国／责任校对：杜子昂
责任印制：徐晓晨／封面设计：东方人华

科学出版社 出版

北京东黄城根北街 16 号
邮政编码：100717
http://www.sciencep.com

北京建宏印刷有限公司印刷
科学出版社发行　各地新华书店经销

*

2025 年 6 月第 一 版　开本：720×1000　1/16
2025 年 6 月第一次印刷　印张：10 3/4
字数：217 000

定价：128.00 元
（如有印装质量问题，我社负责调换）

前　言

　　湿地是水陆相互作用形成的独特生态系统，是人类重要的生存环境和最富生物多样性的生态景观之一。近三百年的工业文明，创造了人类技术生态系统，寄生于自然生态系统，与自然生态系统激烈竞争，人类持续蚕食自然空间，其中湿地空间就是最具代表性的自然生态空间。随着技术进步，人类对湿地改造利用逐步增强，对陆地湖泊湿地干扰史无前例，甚至成为主导力量。大面积的湿地空间转化为生产生活空间，打破了自然条件下的湿地和聚落空间的布局，破坏了水生态自然条件下的平衡，诱发了前所未有的生存发展危机。

　　城市湿地是修复人与自然关系的机会空间。城市湿地景观是人类社会发展中，将人类社会置于自然之中的重要形式，以广泛分布的湿地景观作为基质，建立充分的人与自然交互，调适人类与其他物种、环境之间的关系，改变工业文明时期边缘化的、隔离态的湿地保护区，广布在生活中的湿地景观将影响湿地不同物种的生存状态，也具有重塑人类未来的可能，湿地景观与人类社会在相互结成的异质网络之中发生作用、相互构建、共同演进，随着新理论、新方法与新技术的不断涌现，湿地景观为构建人与自然和谐共生提供更为丰富、多样、细致的可能。

　　给湿地空间是调和人与自然关系的有效路径。当人类的认知进一步进化，形成多元交织、共融演进的认知通道时，给万物空间是新的空间组织的基础，不仅给河流空间，还要给生物空间，给湿地空间。保护湿地就是保护湿地空间，修复湿地就是修复湿地空间，有目的地调整湿地时空格局，强化湿地和湿地河流间的连通性、湿地土壤空间变异性，形成基于城市现状，面向生态修复的自然的解决方案。以此形成的以湿地为主导的生态空间布局构成了人与自然沟通的紧密关系，形成人文结构和生态结构的系统关联，从强化系统内部与外部的紧密关系将其耦合在一起，形成人与自然共生的必然。

　　湿地赋予城市生态文化形态。城市景观是人类活动叠加在自然景观本底之上形成的文化景观，是人与自然环境之间交互最为直接和激烈的区域。当湿地与城市交融，湿地作为景观单元和空间基质，成为城市景观构建的基石，区域景观基因则因由湿地的导入而具备区域生态基因，实现文化基因与生态基因一次基因杂交，形成具有生态属性的城市景观文化基因。基因是控制生物性状的基本遗传单位，具有遗传和表观表达性，具有生态属性的城市湿地景观文化基因一经形成，持续繁衍生成强势入侵，必然演变为新城市生态文化形态，人与自然和谐共生的社会形态将呼之欲出。

作　者

2025 年 2 月

目　　录

第1章 基于湿地功能营建人与自然和谐共生的城市空间

湿地是复杂多功能水生态系统，在湿地中发生生物化学过程和水循环，拥有独特的生物降解有机物、代谢无机物和调节水循环的功能。湿地作为功能单元，成为改善流域水生态系统的组织单元，成为解决城市内涝和提升水环境质量的调控单元。湿地是基于"自然的解决方案"，能实现城市水生态系统要素、成分、秩序、生态位与水系的综合修复。基于湿地功能特点，本书创新性地提出了在城市规划与营建中给湿地空间的城市空间组织方法和建造结合自然的理念，将湿地技术融入城市公共空间、城市基础实施和城市生活，在解决城市内涝、保障城市水环境质量、提升生物多样性的同时，形成与城市物质代谢相匹配的湿地植物、微生物和水循环空间。在城市规划与营建中给湿地空间，需要制度保障，以此推动形成人与自然和谐共生的城市空间。

人类文明进化经历了原始文明、农业文明、工业文明[1]。原始文明阶段，是人类文明的第一阶段，"自然界起初是作为一种完全异己的、有无限威力的和不可制服的力量与人们对立的，对自然界的一种纯粹动物式的意识（自然宗教）"[2]。农业文明阶段，人类有了初步改造自然的能力，由自然的赠予变为主动向自然索取，对自然没有根本性地改造，未造成严重的生态破坏。工业文明阶段，"自然对人无论施展和动用怎样的力量——寒冷、凶猛的野兽、火、水等，人总会找到对付这些力量的手段"[3]。近三百年的工业文明，创造了人类技术生态系统，寄生于自然生态系统，与自然生态系统激烈竞争，诱发了前所未有的生存发展危机：全球有限的自然资源日趋枯竭，不可再生资源加速耗尽[4,5]，水资源严重短缺[6,7]，生物多样性锐减[8,9]，全球气候异常[10,11]等。人类赖以生存的自然生态系统已无法承载人类技术生态系统，迫切需要引入新的生态文明形态[12]。生态文明是人类文明史的里程碑，不同于以牺牲生态环境谋求发展的工业文明，也不同于以牺牲人的发展维持人与自然和谐的早期文明，是追求人与自然的互惠共生、同步发展的自觉和谐[13]。"共生"是生物学概念，指不同种的生物互惠互利、共同生活的相处模式。用"共生"解释人与自然的关系，就是共存共荣、协同发展。和谐共生是不同的事物在相处过程中兼容差异、优化协调和共同进化，是将人与自然并置，调和人与自然关系，修复人类文明与自然的和谐，实现人与自然的共生。

1.1　湿地是调适人与自然关系的重要空间

湿地是水陆相互作用形成的独特生态系统，是人类重要的生存环境和最富生物多样性的生态景观之一。在抵御洪水、调节径流，改善气候、控制污染，美化环境和维护区域生态平衡等方面有其不可替代的作用，被誉为"地球之肾""文明的发源地""物种的基因库"[13]，仅占地球表面总面积的6%，为世界20%的生物提供生境。但是，随着经济发展和技术进步，湿地资源被过度开发，湿地丧失加速，退化严重，近50年来，美国损失了8700万公顷湿地，法国、德国等国家的湿地丧失超过60%，湿地丧失与湿地退化显著改变了湿地空间分布。

人类活动是对陆地表层自然生态环境影响最直接的驱动力。人类活动改变了湿地空间分布，同一区域在不同时期各类湿地格局的演变是自然驱动因子和社会驱动因子共同作用的结果[14]。人类社会与湿地之间存在着不断地互动、形塑与调适。湿地消失、湿地重建和人工湿地再造，以此呈现湿地的空间分布调整、构建实践的出现和保护法规策略的颁布，是人类逐步了解湿地功能、湿地空间布局与湿地功能发挥之间的内在联系，并修复人与湿地关系的探索。

1.1.1　人类社会发展需求持续重塑湿地空间

自然湿地空间整体萎缩。自1950年以来，我国天然湿地和湿地总面积经历了大幅下降过程[15]，黄河下游湿地面积整体呈现萎缩态势，从20世纪80年代至今减少约35.6%[16]，围垦开荒是造成湿地面积萎缩的人为原因之一。黄河流域山东段从滨海湿地到湖泊湿地的萎缩无一例外，例如，黄河山东段长628km，区域湿地类型多样，1980～2015年黄河流域山东段湿地总面积总体减少72.85km²[17]，湿地转化为耕地的现象显著。1978～2008年，渔业发展、滩涂围垦、油田开发、基建、水利等设施的兴建是造成滨海湿地减少的主要原因[18]。湿地空间转化为生产生活空间，随着技术进步，人类社会对湿地改造利用逐步增强，甚至成为主导力量。人类对陆地湖泊湿地干扰史无前例，山东省济南市章丘区北部白云湖，是济南市最大的天然淡水湖泊湿地，总面积1627.5hm²（1hm² = 10⁴m²），其中湿地面积1354.4hm²，湿地率83.2%[19]。1958年，山东省水利厅将白云湖辟为滞洪区；1987年，建成鱼池1.5万亩（1亩 = 666.67m²）；1996年，建成占地10000余亩的白云湖公园、白云湖乐园，截至2010年，白云湖自然湖泊面积减少了86%[20]，如图1.1所示为白云湖的现状，生产空间严重入侵湖泊湿地空间。

人工水库坑塘湿地主导城市供水和水安全空间。《中华人民共和国湿地保护法》明确，湿地是指具有显著生态功能的自然或者人工的、常年或者季节性积水

图 1.1　白云湖湿地周围农业和养殖业用地开发情况

地带、水域，包括低潮时水深不超过 6m 的海域，但是水田以及用于养殖的人工的水域和滩涂除外。《土地利用现状分类》（GB/T 21010—2017）中指出，湿地水域包括河流水面、湖泊水面、水库水面和坑塘水面等[21]。在湿地保护法和土地利用现状分类中水库和坑塘是湿地，水库和坑塘是人工湿地面积增加最多的类型。以山东黄河流域重要河流大汶河为例，近百年来流域最大变化是修建蓄水工程，截至 2023 年建成大中型水库 23 座，塘坝 69 座，大型水坝、管道、人工水库等人工湿地直接影响流域生态水文循环过程[22]，对流域水生态系统造成时空破坏[23]，水库和塘坝湿地空间是最具有代表性的影响水循环的人类活动干扰空间，也是保障城市供水安全和水安全的调蓄空间。

1.1.2　人工湿地是改善水生态环境的调控空间

人工湿地技术成为近年来城市应对水环境水质压力和调蓄雨洪的主导技术。2020 年山东黄河流域湿地面积为 3005.80km²，占区域总面积的 10.32%；自然湿地面积为 1404.97km²，人工湿地为 1600.83km²，两者占比分别为 46.74% 和 53.26%[24]。人工湿地面积已经超过自然湿地面积，在流域湿地水生态空间构建中发挥了重要作用。

人工湿地成为城市污水处理厂尾水的水质保障空间。重要流域省将城镇污水处理厂出水由一级 A 标准提升至《地表水环境质量标准》（GB 3838—2002）地表水准Ⅳ类标准。为了保障污水处理厂的尾水达到地表水准Ⅳ类标准，人工湿地成为尾水深度净化的重要措施，截至 2022 年 10 月处理污水处理厂尾水的人工湿地工程案例数量已达到 155 个[25]，人工湿地净化污水处理厂尾水不仅能降低受纳水体的富营养化风险，还能实现水资源的再生利用。人工湿地具有投资低、运营成本低、维护管理简单等特点[26]。2024 年山东省尾水人工湿地 52 座[27]，其中，菏泽市 2018~2024 年建成人工湿地 36 处，建设面积约 10332 亩，其中表流面积约 9052 亩，潜流面积约 1280 亩，日处理水量约为 66.3 万吨。人工湿地处理污水处理厂尾水的项目仍在增加，济南市落实《山东省黄河生态保护治理攻坚战行动计划》（鲁环发〔2023〕5 号）要求北大沙河、锦水河等重要入黄支流建成"一河口一湿地"[28]，人工湿地成为修复水生态环境的关键空间。

小微湿地是优化城市生态的主导空间。美国、英国等国家将小到 25m²、大到 20hm² 的小型水体称为小微湿地，中国将面积在 8hm² 以下的河流湖泊、长度在 5km 内宽度小于 10m 的河流浅滩等具有生态服务功能的湿地界定为小微湿地[29,30]。国家林草局牵头制定《小微湿地保护与管理规范》（GB/T 42481—2023）。小微湿地具有如下特征：面积小、周期性积水、呈线性或块状分布，以敞水面为中心，以塘埂、道路、绿地等为边界。小微河道、库塘等小微湿地作为陆地与水域的连接体，是陆地生态系统营养盐、污染物及固体悬浮物等进入大型河流、湖泊水体的主要通道[31]。小微湿地具有形式灵活，与周围景观融合度高的特点，更具独特的社会服务功能。《北京市湿地保护发展规划（2021—2035年)》明确到 2025 年，利用城市腾退建设用地、造林地块的低洼地或者预留的集雨坑修复退化或消失的湿地，小微湿地修复数量不少于 50 个[32]。小微湿地具有生境异质性和多样性，可以提供更为丰富的生态位，有利于物种共存，可以维持更高的生物多样性[33]，成为改善城市生态的主导空间。

流域湿地体系是水生态修复关键空间。流域内湿地位置不同，功能不同，在集水区源头的湿地，可以起到保障水质、减少洪涝灾害的作用；在集水区水系与次小流域主水系交汇处的湿地，有利于控制雨水径流污染、滞蓄峰值流量；分布在次小流域水系与流域主水系交汇处的湿地，可用于预防极端状况下的洪水灾害和为野生动植物提供栖息地[34]，由此构成的流域湿地体系对水生态环境所发挥的作用远大于单一河口湿地或者岸线湿地的作用[35]。湿地中常年积水区和季节性积水区土壤活性有机碳含量都处于较高水平，与其他积水生境差异显著[36]，土壤含水量是影响生物多样性的主要因素[37]，季节性积水区和永久性积水区不仅有较多的共同物种，而且植物比其他生境更为丰富。流域是一个统一的自然系统，是各种自然要素相互依存而实现循环的自然链条，湿地体系复杂植物区系强化了流域丰富多样的生态系统，促进了流域生态系统整体性、系统性和共有性自然演进变化。对城市小流域进行湿地体系构建，可以有效修复流域的水生态系统。

1.2　湿地是实现人与自然和谐共生的水生态学路径

人与自然的和谐共生首先是理论上的自证与他证，然后是实践层面技术呈现。历史唯物主义主张在自然中定位社会，强调人类社会依赖于自然条件并为其所塑造，把社会存在置于自然之中的实践路径。城市湿地景观是人类社会发展中，将人类社会置于自然之中的重要形式，以广泛分布的湿地景观作为基质，建立充分的人与自然交互，调适人类与其他物种、环境之间的关系，改变工业文明时期边缘化的、隔离态的湿地保护区，广布在生活中的湿地景观将影响湿地不同物种的生存状态，也具有重塑人类未来的可能，在湿地景观与人类社会在相互结成的异质网络之中发生作用、相互构建、共同演进[38]，随着新理论、新方法与新技术的不断涌现，湿地景观为构建人与自然和谐共生提供更为丰富、多样、细致的可能。湿地景观既包括自然湿地的生物、土壤和水文方面的特征，又可以通过规划，在建造过程加入人类美学和哲学理念，从而能更好地满足人类在观赏、休闲和教育等方面的多功能需求。深交融城市湿地多样的"空间"和"场景"实现人与自然关系的交叉与融合，避免以科学研究为目的，短暂接触和临时交流，湿地作为具有水生态学特征的独立功能单元，出现在日常的生活中，实现了人与自然生态的长期、近身紧密交流，实现人与湿地中各类植物关系的对话与转译。营建多生物共存的空间，形成多种群共生的空间可能性，将打破人与自然的界限。

湿地是基于"自然的解决方案"。"自然的解决方案"定义为"来源于自然并依托于自然的解决方案，旨在以资源高效和适应性强的方式解决各种社会挑战，同时提供经济、社会和环境效益"[39]。基于自然解决方案，采取自然恢复为主、辅以人工修复，尽可能减少人为干扰的修复模式。基于"自然的解决方案"利用自然系统的自组织力，以平衡自然系统的方式管理自然系统；湿地是一个能促进与组织各项环境条件之间动态关系的、有生命力的土地[40]，能实现水生态系统要素、成分、秩序、生态位与水系的综合修复。在自然状态下，湿地是流域城市自然地理条件下的稳定因子，通过降雨和蒸发等要素的约束和支撑作用确定湿地空间，用湿地空间框定了流域城市的基本布局，形成了聚落空间分布，构成流域城市演变框架。现代技术开发下的城市空间，已经打破了自然条件下的湿地和聚落空间的布局，破坏了水生态自然条件下的平衡。需要有目的地调整湿地时空格局，强化湿地和湿地河流间的连通性、湿地土壤空间变异性，形成基于城市现状、面向生态修复的自然的解决方案。

给湿地空间赋予城市空间新价值。空间是一切生产和一切人类活动的要素[41]，文明推进改造空间的使用形式，生产出符合人类生活和发展的空间。生态文明的出现提出了在生产空间和生活空间之外新空间的需求，推动在规划中提出给河流空间[42]的空间布局，试图改变在过往规划中，仅关照人的需求，忽视自然现象的空间需求；当人类的认知进一步进化，形成多元交织，共融演进的认知通道时，给万物空间是新的空间组织的基础，不仅给河流空间，还要给生物空间，给湿地空间。保护湿地就是保护湿地空间，修复湿地就是修复湿地空间，以此形成的以湿地为主导的生态空间布局构成了人与自然沟通的紧密关系，形成人文结构和生态结构的系统关联，从强化系统内部与外部的紧密关系并将其耦合在一起[43]，形成人与自然共生的必然。荷兰依据治理洪涝灾害的经验，提出了河流及沿岸土地利用融合生态、景观、娱乐、历史、生产等多种功能，通过维护、适应、更新，增加空间多样性，并赋予这种多功能融合以三种价值：感知价值，强调空间在文化、人本尺度、地域性、历史、审美方面的特异性；使用价值，注重空间利用中多种功能的融合；潜在价值，强调可持续性和生态多样性，河流功能和沿岸土地利用需适应随时间变化的不同功能需求[42]，提升现有景观的文化内涵和美感[44]，在城市公共空间的利用上融合湿地功能，从而在城市空间利用上赋予空间生态价值。

设计结合湿地赋予城市空间新体验。从麦克哈格的"设计结合自然"的生态规划法，到 20 世纪 70 年代以来荷兰滨水地区的规划设计策略，"在自然中建造自然——建造结合自然"，生态系统服务价值受到重视，采用建造结合自然的策略，提升基础设施的气候适应性[45]。湿地以其独特的水生态基础设施功能，在达成建造结合自然的同时，修复生态过程给城市空间新感知。如图 1.2 所示，旧金山公用事业委员会办公大楼占地 2.5 万 m^2，设计成为绿色建筑示范。

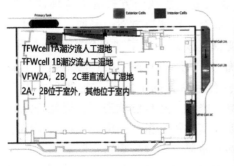

图 1.2　旧金山公用事业委员会办公大楼一层大厅湿地布置图
（Pork 街和建筑外侧的人工湿地）

采用人工湿地处理与回用建筑物内部的污水，人工湿地处理设施位于该建筑大楼的一层大厅、Pork 街和金门街边的人行道上，湿地为大厅内和建筑物外提供了优美的景观和适宜的工作环境[46]，实现湿地与建筑物的结合、与公共空间美学的融合。

湿地与城市交融催生生态文化形态。1976 年，英国演化理论学者理查德·道金斯在《自私的基因》一书中正式提出文化基因概念，他认为基因是文化传承过程中的基本单元[47]。2003 年首次提出了景观基因概念，景观基因是一个景观区别于其他景观特有的"遗传"单位[48]。城市景观是人类活动叠加在自然景观本底之上形成的文化景观，是人与自然环境之间交互最为直接和激烈的区域。当湿地与城市交融，湿地作为景观单元和空间基质，成为城市景观构建的基石，区域景观基因则因为湿地的导入而具备区域生态基因，实现文化基因与生态基因的一次基因杂交，形成具有生态属性的城市景观文化基因。基因是控制生物性状的基本遗传单位，具有遗传和表观表达性，具有生态属性的城市湿地景观文化基因一经形成，持续繁衍生成强势入侵，必然演变为新城市生态文化形态，人与自然和谐共生的社会形态将呼之欲出。

1.3　湿地法规推动形成人与自然和谐的集体行动

集体行动是指由一群人为实现共同的价值目的而采取某种组织形式的活动[49]，达成集体行动的驱动力是制度。康芒斯认为，制度是"集体行动控制个体行动"[50]，制度的实质是个人与社会对有关的某些关系或者某些作用的一般思想习惯，是当前公认的生活方式[51]；制度是一系列被制定出来的规则、守法秩序和行为道德、伦理规范；因此，制度是生产力发展到一定阶段而产生的支持或约束人的社会活动和社会关系的各种规范的总和，是社会法律体系、规则体系、价值体系等规范体系的总和，是一个由许多规范集合而成并有内在联系和有层次、有结构的制度体系[52]。

我国正在形成并不断完善生态文明制度体系，是有利于支持、推动和保障生态文明建设的各项引导性、规范性和约束性的规定与准则[53]，是法律、规章和条例层面的正式制度以及伦理、道德和习俗层面的非正式制度[54]。生态文明制度体系，形成了三个参与主体为主的管理制度、市场制度和公众参与制度[55]，是推动形成集体行动的制度建设。

2021 年，我国制定了《湿地保护法》，湿地定位为以提供生态产品或生态服务功能为主导功能的生态空间，对改变湿地生态空间用途的行为实施严格管控，对湿地实施整体性保护。2014 年修订后的《环境保护法》第二条已赋予湿地作为环境要素的独立地位。2020 年自然资源部发布的《国土空间调查、规划、用途管制用地用海分类指南（试行）》中，湿地作为独立的地类、生态空间得到确认。湿地法律制度建立为构建城市湿地生态空间，形成集体行动创造了条件。完善与湿地融入城市相关的规划、条例与规范等制度，国务院 2013 年颁布的《城镇排水与污水处理条例》中提出"城镇内涝防治专项规划的编制要充分利用自然生态系统，提高雨水滞渗、调蓄和排放能力"，但国内还未颁布专门针景观湿地的国家标准与规范；2017 年发布的《城市绿地分类标准》中规定单个城市湿地公园的规划面积不小于 50 公顷，没有针对小微湿地、在公共空间规划建设湿地设施以及在公共建筑内利用湿地处理污水营建景观的规范。《城市绿地规划标准》（GB/T 51346—2019）明确绿地主要包括公园绿地（G1）、防护绿地（G2）、广场用地（G3）和附属绿地（XG），这些绿地建设规范增加利用绿地空间建设湿地的要求，将推动城市湿地建设力度，利用制度推动形成城市湿地空间营建的集体行动。

依据湿地的独特优势，在城市规划中给湿地空间，城市设施建造结合湿地功能，让湿地成为生态城市营建的景观基质和重要功能单元。为了达成湿地作为城市生态空间营建的基本功能单元的目标，提出以制度建设推动全社会形成集体行动。

1.4　基于湿地功能，构建菏泽水系湿地生态基础设施策略研究

黄河流域城市菏泽湿地资源丰富，受黄河多次泛滥影响，菏泽地区河湖水网淤塞，水系紊乱。菏泽市水利工程规划设计强化空间干预，现状的主要水系均为人工开挖的河道，河道建设以洪涝灾害防控为导向，以快排为目的，规划后的河道布局干流化明显，没有调蓄和生态功能，没有形成具有水生态功能韧性的系统。基于水生态基础设施理念，提出利用丰富的自然湿地和人工湿地资源，开挖人工河道，规划建设与城市发展相匹配的区域水系，提高水网密度，增加调蓄空间，降低洪涝风险，构建以河流和湿地为骨架的区域水生态基础设施，增强区域水生态韧性。

湿地是介于水体生态系统和陆地生态系统之间的动态生态系统，是由陆地生态系统和水体生态系统相互作用形成的自然综合体[56]。1971年国际《湿地公约》（Ramsar会议）将湿地解释为："天然的或人工的、持久的或暂时的沼泽地、湿原、泥炭地或水域地带，且包括低潮时水深不超过6m的海域，无论其是静止的或流动的、咸水或淡水，或介于咸水与淡水之间的部分。"湿地被誉为"地球之肾"，具有丰富的生物多样性和较高的生态生产力，是地球上单位面积生态服务价值最高的生态系统[57]，被称作"物种基因库"和"生物超市"[58]，是生物圈内生态系统功能最高的系统之一。

湿地生态系统具有提供粮食产品[59]、水源补给、调节地表径流和改善水质[60]、保护沿海地区防御台风和风暴潮[61]、调节气候、提供文化资源等功能，是高质量发展的水安全基础。

黄河流域显著的垂直地带性和纬度地带性共同造就了流域热量和水分的空间分异，是黄河流域湿地发育的水热基础，造就了丰富的湿地类型。保护修复黄河流域湿地对维护区域乃至国家生态安全具有举足轻重的作用。

菏泽市是黄河进入山东省第一个沿黄城市，位于山东省西南部、鲁苏豫皖四省交界处，是东部沿海地区和中西部内陆地区的过渡地带，是黄河冲积平原地区，地势平坦，土层深厚。菏泽隶属华北平原新沉降盆地，海拔为 37~68m，自西南向东北呈簸箕状逐渐降低。微地貌形态有河滩高地、缓平坡地、决口扇形地、垄岗高地、碟形洼地、沙质河槽地、背河槽洼地，以缓平坡地面积最大[62]。龙山晚期菏泽地区为"四湖六水"之泽国水乡，河湖水网是先民因势利导整理疏浚而成。黄河多次泛滥，导致菏泽地区河湖水网淤塞，水系紊乱，破坏与再塑了地理景观[63]。应对区域发展与环境制约，充分利用河湖湿地水系，规划水生态韧性区域环境尤为迫切。

1.4.1　菏泽湿地和河流水系现状

1. 菏泽湿地生态修复与保护现状

菏泽湿地类型多、面积大。菏泽湿地资源最丰富，截至 2023 年，菏泽市建设国家级湿地公园 4 处，省级湿地公园 3 处，总面积 4960.38 公顷。建成人工湿地 36 处，建设面积约 10332 亩（7355.47 公顷），其中表流面积约 9052 亩，潜流面积约 1280 亩，日处理水量约为 66.3 万吨。湿地面积占国土总面积的 4.64%。类型囊括了河流湿地、沼泽湿地、人工湿地 3 大类中的 16 个小类，占全国湿地类型数量的 50%。典型湿地主要包含黄河故道滩涂湿地、特色的水域湿地，湿地资源分布存在较大空间差异。自然湿地资源主要以近黄河故道湿地为主，分布在黄河故道东部区域。

"十四五"期间，通过建立湿地公园、核心区湿地保护等各种有效保护形式，加强区域内重要湿地保护，增加受保护湿地面积，区域内湿地保护率由35.7% 提高到 43.5%，自然湿地保护率由 51.8% 提高到 63.5%，如表 1.1 所示。

表 1.1　国家和省级湿地公园与面积统计表

序号	湿地公园	面积（公顷）
1	山东东明黄河国家级湿地公园	227.37
2	山东曹县黄河故道国家级湿地公园	889.24
3	山东单县浮龙湖国家级湿地公园	2145.49
4	山东菏泽东鱼河国家级湿地公园（试点）	998.73
5	菏泽庄子湖省级湿地公园	151
6	菏泽定陶万福河省级湿地公园	142.92
7	菏泽鄄城雷泽湖省级湿地公园	405.99
合计		4960.74

菏泽湿地生物多样性丰富。菏泽市湿地环境典型独特，滩涂广阔，生态系统复杂多样，已成为众多野生动植物的生长栖息之地，全市有鸟类 200 余种，分属 17 目、41 科，其中国家一级保护动物 3 种，二级保护动物 19 种，省重点保护鸟类 22 种；兽类动物有 19 种，两栖类动物 8 种，爬行类动物 10 种[64]。

2. 菏泽河道与水系结构

菏泽河网密布，流域面积大于 30km² 的河道有 199 条，长 3157km，平均河网密度 0.26km/km²。主要有洙赵新河、东鱼河、万福河、太行堤河、黄河故道 5 个水系，径流量较小，地表径流总量 11.29 亿 m³，均流入南四湖[65,66]。黄河多年平均流经菏泽市水量 343.9 亿 m³，已建成引黄闸 9 处和引黄灌区 8 处，设计引黄流量 405m³/s，引黄送水干线 8 条，设计输水流量 264m³/s。以"五横六纵"骨干河道和引调水工程为骨架，以区域河湖水系连通和灌排渠系为脉络，以大中型水库和引黄调蓄水库为节点，形成区域河网水系和引调水工程。

3. 水资源匮乏，时空分布不均衡

菏泽市属暖温带半湿润大陆性季风气候[67]，年平均气温 13.5 ~ 14.0℃，多年平均降水量和蒸发量分别为 661.6mm 和 907.2mm[68]，多年平均水面蒸发量是多年平均降水量的 1.37 倍，降雨时空分布不均，年内降雨 70% 集中在汛期 6 ~ 9月。全市地表水资源量 6.21 亿 m³，地下水资源量 16.7 亿 m³，扣除重复计算量后，水资源总量 20.6 亿 m³，人均 243m³，只占全国人均水资源占有量的 1/9，属严重缺水地区[69]。必须维护生态环境不再恶化并逐渐改善所需要消耗的生态需水量严重不足[70]。

4. 菏泽水生态修复现状与规划

在重点排污口下游，支流入干流处实施建设赵王河、乐成河和棋山河等人工湿地水质净化工程，人工湿地 36 处，人工湿地面积 7355.47 公顷，人工湿地面积超过了现状湿地公园的 4960.74 公顷。利用东鱼河、洙赵新河、鄄郓河、万福河四条主要河流廊道以及黄河故道、黄河生态带形成的空间布局，规划构建了"两带四廊，双网多点"生态保护格局[71]。

1.4.2　水生态环境问题与成因分析

1. 水系紊乱，内涝风险高

黄河频繁的决溢、泛滥和改道给平原带来了洪灾，洪水携带的大量泥沙淤积。受黄河泛滥影响，地形平缓，平原内水系紊乱，每至汛期极易形成内涝。菏

泽在 1949 年以前的 3000 多年间波及境内的黄河改道 12 次、黄河决口 164 次；明代以来，发生内涝的年份有 224 年，区内城市屡遭洪水围困，其中曹县、成武多次因水淹毁城重建[72]。近 20 年高速的城市开发建设，2000 年和 2020 年水域面积分别为 151.9km² 和 140.3km²；建设用地面积分别为 923.2km² 和 1149.5km²，水域面积持续减少，建设面积持续增加[73]。坑塘水体被填，河道改为暗渠，水网密度降低，仅为 0.26km/km²，调蓄空间减少，洪涝风险提高。

2. 地形平缓，河流流动性差，水质稳定性差

菏泽地势平坦，水动力不足，水体自净能力较差，可消纳污染物的能力低，容易出现反复黑臭。菏泽河流属于雨源型河流，河道生态用水采用截留的方式，例如，主要水系洙赵新河，沿河建 8 座拦河节制闸，在河道内节节拦蓄，拦截引黄水及周围支流的径流水，枯水期河流水量较小，生态用水量不足，上下游调度不力，长期储存河水，缺乏有效的补充水量。其他河流一些河段枯水期成为"死水"，长期腐化影响水质；每年 6～8 月遇强降雨时大量农田退水进入河流，导致河流水质恶化[74]。

3. 用水量持续增加，面向水资源有效利用规划不足

黄河属资源型缺水河流，随着流域经济社会的发展，黄河水资源供求形势将更趋严峻。菏泽市水利工程规划设计强化空间干预，现状的主要水系均为人工开挖的河道，水系河道建设以洪涝灾害防控为导向，以快排为目的，规划后的河道布局干流化明显。水系结构简单[75]，流域区内河流、湖泊等水体没有形成水系网络，水系间连通性差，雨洪资源调蓄利用不足。

4. 没形成湿地体系，水生态韧性不强

原有黄河故道的湿地与新建成的人工湿地之间的联系不强，人工湿地选址缺乏依据，人工湿地功能单一，仅为提升污水处理厂出水达到地表水四类；对于现状湿地的水生态资源规划利用不足，水生态韧性不强，人工湿地面积已经超过国家级和省级湿地公园的总面积，是国家级自然湿地面积的 1.5 倍。除国家级和省级湿地公园外，还有依据现状用地和高程拟规划建设地方湿地公园。这些湿地与河道水系没有成为区域的韧性水生态空间，未能有效调蓄水资源、提升生态系统健康、维持水生态安全，实现保障区域水生态质量的目标。

1.4.3　构建菏泽水生态基础设施策略

新阶段，山东黄河流域提出了"优质水资源，健康水生态，宜居水环境，先进水文化"的要求，通过全域统筹，成为"让黄河成为造福人民的幸福河"的

重要组成部分[76]。此前各级政府对环境保护的认识仅限于水、空气和土壤（土壤还经常被忽视），对不同形式的生态系统的维系管理缺失，没有形成基于生态学的综合生境规划、管控和制度安排；面向新发展阶段，应发挥空间规划对各种功能空间的组织能力，使一切尽可能地向好的方向发展[77]。

基于种群动态理论，生态保护已经从场地保护转向生态网保护，以国家公园或者自然保护地为单元[78]，多单元连接的网络可以更好地保护生物多样性。利用生态网络作为空间规划的骨架，用空间规划引导生态修复与保护[79]。

湿地是基因库，$1hm^2$ 湿地生态系统每年创造的价值高达 4000 ~ 14000 美元[80]。湿地是"淡水之源"，具有强大的储水功能，每公顷沼泽湿地可蓄水 $8100m^3$ 左右，现状 12315.85 公顷的湿地可以储存近 1 亿 m^3 的水量。雨季，湿地对洪水储存、分洪、行洪和泄洪实现对洪水的有效控制；干季，湿地水分重新释放，补充地下水、增加河流流量，调节地表径流，维持区域水循环平衡[81]，湿地是抗旱防洪的天然"海绵"。

河道是连接已有生态单元，如湿地公园、人工湿地最有效的生态廊道，河道兼具湿地功能与水系功能，可以人工开挖河道将湿地与附近的河道进行连接形成水生态网络，或者在河道旁边修建一个湿地，形成具有调蓄、过滤和生态多样性的生态河道。河湖水系连通作为水资源调配、水生态修复和改善、水灾害防御的重要手段[82,83]。

基础设施是保证社会经济活动、改善生存环境、克服自然障碍、实现资源共享等为目的建立的公共服务设施[84]。生态基础设施的概念在实践应用中分为两类，一类是对常规基础设施赋予生态功能，如《加拿大城市绿色基础设施导则》（2001）定义生态基础设施是基础设施工程的生态化，主要以生态技术改造或代替道路、排水、能源、洪涝灾害治理及废物处理系统基础设施[85]；另一类生态基础设施是由栖息地、自然保护区、森林、河流、沿海地带、公园、湿地、生态廊道及其他一切自然或半自然的构成，能够提供基础性支持功能的生态服务设施[86]。

菏泽主要有纵向洙赵新河、东鱼河、万福河、太行堤河、黄河故道 5 个水系人工开挖的排洪沟；菏泽有丰富湿地资源，利用自然湿地和人工湿地作用，规划人工河道连通区域湿地，使湿地和水系成为空间规划的骨架，形成水生态基础设施。

1. 以河流和湿地为骨架，构建区域水生态基础设施

实施河流水系与湿地总体规划。利用人工开挖的河流、国家级湿地公园和人工湿地关键水生态要素，从水量平衡（径流量、基流量、潜在蒸散发、地面径流和地下水补给量）、洪水强度、频率、重现期变化和下游水动力参数（河道径流、水位和流速等）、泥沙沉积和水质指标，确定湿地在区域尺度上的水文功能，核算湿地面积，确定水网密度和人工湿地斑块数量，利用人工湿地和河流湿地补足湿地面积，确保湿地面积达到调蓄水量要求；核算内涝防治规划，按照 100 年一遇标准进行校核设计，年径流控制率在 95% 以上，排涝重现期标准选为 50 年，确定湿地总面积。

完善水系结构，优化湿地布局。水系结构是影响水文过程、生态功能和环境容量的重要基础，在水系结构中三级河道起到了集水汇水作用，降雨越大，所需三级河流的密度就越高[87]。结合区域地形，对水系结构进行优化，规划区域水系，强化主要河流上游的湿地连通性，增加三级河道密度，优化完善水系结构，利用水系和湿地水生态基础设施排水通道，改善蓄水条件，优化水资源调配，加速水体流动，改善水生态环境。

2. 强化河道生态功能，构建河道旁路湿地系统

菏泽洙赵新河、东鱼河是 20 世纪 60 年代人工开挖的大型排水河道，被用作骨干排灌河道，2020 年对河道进行整治，整治标准是"两够"即河底宽度够、深度够；"三直"即河口线顺直、河底线顺直、内堤肩线顺直；"四平"即河底平、河坡平、堤顶平、内堤坡平[88]。以排灌为目的，河道硬质化，裁弯取直，河流生态水文结构与生态功能丧失殆尽。目前通行的改变河流的生物、物理、生态状态，使河流水质改善，河岸带稳定，栖息地增加、生物多样性增多[89]的措施，在菏泽有诸多制约因素，如现状行洪断面过大导致旱季水动力不足，旱季水质易恶化，生态系统稳定性差。构建河道旁路湿地系统，引导雨季洪水进入湿地，旱季利用湿地调蓄余量对河道进行补水。沿河道规划湿地的规模，由调蓄水量和水质确定，依据荷兰的经验，1km 的河道两侧要布置 5 个面积不小于 500m² 的池塘；用于连接湿地的河道最小宽度不小于 10 ~ 15m，河道间距不超过 100m[90]；河道旁路湿地体系是对河道流域的雨洪资源进行分散化就地收集、就地利用，就地实现生态功能；以此提升防洪安全水平，改善空间生态环境质量，梳理河道周围的用地情况和地势条件，确定具备建设湿地空间，形成全域河道旁路湿地体系。

3. 规划农村开放式雨水收集系统，利用坑塘，组织水生态空间

菏泽市有农业人口 736.8 万人，耕地总面积 987.8 万亩，共有 162 个乡镇和街道办事处，5568 个行政村（12795 个自然村），全市农村居民点占地约 200 万亩[91]。村庄居民点没有雨水市政工程基础设施，雨水排放无序。菏泽乡村湿地保护利用不足，乡村单一的生产结构、薄弱的生态意识导致早年随意拓荒造田、围湖造田、填塘造田。菏泽乡村各类坑塘遍布，但大多数缺乏管理，填、堵、占

等现象严重。依据村庄地形，规划开放式明渠雨水收集系统，如图 1.3 所示，通过清淤、阔挖，形成遍布村庄的雨水塘，利用开放式的雨水收集渠收集雨水，提高滞蓄水能力，有效补给地下水，减轻洪涝灾害，改善乡村环境，提升水生态功能。

图 1.3　开放式明渠雨水收集系统示意图

农业面源污染是农村水环境污染的重要来源，农田尾水进入地表水和地下水，是造成水体污染和富营养化的主要成因。利用开放式生态沟渠，对农田流失的氮磷进行截留和去除，是削减农田污染的重要途径。开放式生态沟渠和坑塘也是组织农业生产空间的有效措施。

4. 建立以水生态健康为导向的法规体系

我国涉水的市政基础设施规划，通常有给水规划和排水规划，没有面向生态的区域水系空间规划或者区域水生态空间布局规划。"条块分割""分项管理"的规划建设体制，相关法规间也缺乏统筹整合，如住建部的《城市水系规划规范》与水利部的《城市水系规划导则》在相关概念、空间范畴与指标阈值等方面均略有不同[92]，不利于区域水系规划与管控。研究形成区域水系生态规划指导意见，完成水生态健康导向下的区域水系规划，通过规划有效管理解决水资源安全、气候变化等快速城镇化的遗留问题[93,94]。对于菏泽地区，利用区域水系湿地空间规划，解决水资源短缺，水生态用水不足，区域洪涝灾害风险高，内涝严重等问题。我国国土空间规划中"三区三线"的划定中划定的生态保护红线，将湿地空间、河道空间控线落地，保障规划落地。区域湿地空间和河道空间都是基于现状，现状是基于防洪、直排为目的的湿地河道空间的划定，没有基于水生态安全导向下的湿地和河道空间布局进行划定。需要系统研究，科学分析，提出面向水生态安全的湿地河道空间布局，形成新布局下的空间规划和区域防洪规划相关的管控体系。

5. 发挥湿地河道水生态基础设施作用，建立区域水资源调配制度

自然水文情势下的水文节律特征是维护生态系统健康的驱动要素，水量和水域空间是维护生物栖地最重要的水文要素，湿地生态需水量指为达到某种生态水平和保护生物多样性所需要的水量[95,96]，从水域空间、河流生态需水及湿地生态需水进行综合核算，保障河流湿地系统需水[97]。

黄河是菏泽市唯一的客水来源，在平衡水资源配置中起着关键性作用，菏泽引黄 9.31 亿 m³，建立黄河流域菏泽段用水总量控制制度和水量分配制度，有针对性地避开农业用水的高峰期、避开鸟类的繁殖季节时期和 6~9 月汛期，对河流和重要湿地进行生态补水，保障水域空间、河流和湿地最小生态需水量。

《山东省用水总量控制管理办法》（省政府令第 227 号）要求，菏泽市 2011~2015 年规划期用水总量控制在 24.75 亿 m³ 以内（地表水 1.94 亿 m³，地下水 12.75 亿 m³，引黄 9.31 亿 m³，调引长江水 0.75 亿 m³）[98]。菏泽年平均年降水量 80.22 亿 m³，产生地表径流量 6.12 亿 m³，地下水资源量 16.7 亿 m³，地表水利用量仅为 1.94 亿 m³，雨洪资源利用严重不足。发挥湿地河道生态基础设施的雨洪调蓄作用，按照 95% 年径流控制率，5.81 亿 m³ 的雨洪资源用作生态用水，减少对黄河用水的依赖。

6. 建立湿地河道生态基础设施运维机制，实现生态服务价值

基础设施维护是指在基础设施运营过程中对其进行必要的维护、更新和改造，保障基础设施持续有效的正常运营以实现效益最大化。湿地河道生态基础设施，是一种全新的多功能基础设施，承担了控制污染、防洪排涝、雨水资源化和生态功能等多重目标，区域湿地河道综合治理中，责任主体与项目边界更为复杂，相关设施项目实施，后期运营维护面临许多问题，运维费用不足是目前国家级和省级湿地公园运维面临的主要问题，有必要建立新型基础设施的运维机制，实现良好的综合效益。

湿地公园具有特殊生态、文化、美学和生物多样性价值，有一定的规模和范围，以保护湿地生态系统完整性、维护湿地生态过程和生态服务功能，兼具可供公众游览、休闲或进行科学、文化和教育活动的特定湿地区域[99]。科学制定湿地公园的管控规则，防止保护过度化，限制了地方政府建立湿地公园的积极性，解决游憩地资源保护与游憩利用的矛盾，实现湿地生态服务价值，解决湿地公园

运维面临的困境。

1.5 小　结

湿地具有独特的水生态学功能，是城市发展过程中过度干扰的空间，表现为：自然湿地整体萎缩，人工湿地迅速增加，水库和坑塘是人工湿地面积增加最多的类型，导致黄河流域人工湿地面积已经超过自然湿地面积。

湿地是重要的营建人与自然和谐共生的功能空间。黄河流域湿地已经成为改善水环境质量的重要空间，黄河流域人工湿地面积超过自然湿地面积。

依据湿地的独特优势提出，城市规划中给湿地空间，城市设施建造结合湿地功能，让湿地成为生态城市营建的景观基质和重要功能单元。为了达成湿地作为城市生态空间营建的基本功能单元的目标，提出以制度建设推动全社会形成集体行动。

黄河多次泛滥，导致菏泽地区河湖水网淤塞，水系紊乱，近20年高速的城市开发建设，水域面积持续减少，建设面积持续增加，坑塘水体被填，河道改为暗渠，水网密度降低，调蓄空间减少，洪涝风险提高。菏泽地势平坦，水动力不足，水体自净能力较差，河流属于雨源型河流，生态用水量不足，河流水质易恶化。

以防洪减灾、区域供水为目的水网建设，导致水系结构简单，流域区内河流、湿地等水体没有形成水系网络，水系间连通性差，雨洪资源调蓄利用不足，水生态韧性不强。

实施水系连通湿地的水生态基础设施规划，利用人工开挖的河流、国家级湿地公园和人工湿地，形成水系湿地生态网。规划区域水系，增加三级河道密度，优化完善水系结构，改善水生态环境。

利用村庄规模大，结合地形特点和现状坑塘，设计开放式雨水收集系统，组织村庄水生态空间。利用开放式生态沟渠，截留农田尾水，组织农村生产空间。利用水生态基础设施改善村庄水生态环境。

确保湿地最小生态需水量的供给，开展湿地地表水-地下水和河流水系的联合管理，发展湿地公园旅游，实现生态服务价值。

参 考 文 献

[1] 刘爱军. 生态文明研究：第1辑 [M]. 济南：山东人民出版社，2010.

[2] 马克思. 马克思恩格斯选集（第一卷上）[M]. 北京：人民出版社，1972.

[3] 黑格尔. 黑格尔全集 [M]. 北京：商务印书馆. 2014.

[4] Solomon E. The mass flux of non-renewable energy for humanity [D]. Fayetteville：University

of Arkansas, 2016.

[5] Hanley N, Shogren J F, White B. Environmental economics in theory and practice [M]. London: Red Globe Press, 2007.

[6] Sheva H, Yehud A. Water scarcity, water reuse, and environmental safety [J]. Pure and Applied Chemistry, 2015, 86 (7): 1205-1214.

[7] V R Smarty C J, Green P, Salisbury J, et al. Global water resources: vulnerability from climate change and population growth [J]. Science, 2000, 289 (5477): 284-288.

[8] Bradley J C, Emmett D J, Andrew G, et al. Biodiversity loss and its impact on humanity [J]. Nature, 2012, 486: 59-67.

[9] Sandra Díaz, Joseph Fargione, Stuart F, et al. Biodiversity loss threatens human well-being [J]. Plos Biology, 2006, 4 (8): e277.

[10] Halpin P N. Global climate change and natural-area protection: management responses and research directions [J]. Ecological Applications, 1997, 7 (3): 828-843.

[11] Patz J A, Frumkin H, Holloway T, et al. Climate change: challenges and opportunities for global health [J]. Jama, 2014, 312 (15): 1565-1580.

[12] 余谋昌. 生态文明是人类的第四文明 [J]. 绿叶, 2006, 11: 20-21.

[13] 杨永兴, 国际湿地科学研究的主要特点、进展与展望 [J]. 地理科学进展, 2002, 21 (2): 112-122.

[14] 刘吉平, 邱红, 马长迪. 1985—2015 年松嫩平原西部沼泽湿地变化驱动力定量分析 [J]. 吉林师范大学学报 (自然科学版), 2021, 42 (1): 117-122.

[15] An S Q, Li H B, Guan B H, et al. China's natural wetlands: past problems, current status and future challenges [J]. Ambio, 2007, 36 (4): 335-343.

[16] 黄文海, 高熠, 席春辉, 等. 黄河下游湿地演变与实测径流相关性研究 [J]. 水生态学杂志, 2022, 43 (5): 1-7.

[17] 黄俊涵, 付梦雨, 邱冬冬, 等. 1980—2015 年黄河流域山东段湿地景观格局与干扰度动态变化研究 [J]. 国土与自然资源研究, 2023 (01): 56-63.

[18] 宫宁. 近三十年中国湿地变化及其驱动力分析 [D]. 济南: 山东大学, 2016.

[19] 山东济南白云湖国家湿地公园总体规划 (2013—2020 年).

[20] 魏家玺. 乡村振兴大环境中的湿地综合利用研究——以山东章丘白云湖片区 (国家级湿地公园) 为例 [J]. 资源节约与环保, 2018, 12: 10-11.

[21] 国土资源部. 土地利用现状分类: GB/T 21010—2017 [S]. 北京: 中国质量标准出版社, 2017.

[22] Hwang J, Kumar H, Ruhi A, et al. Quantifying dam-induced fluctuations in streamflow frequencies across the colorado river basin [J]. Water Resources Research, 2021, 57 (10): e2021WR029753.

[23] Lozanovska I, Rivaes R, Vieira C, et al. Streamflow regulation effects in the Mediterranean rivers: how far and to what extent are aquatic and riparian communities affected? [J]. Science of The Total Environment, 2020, 749: 141616.

［24］刘冰，钟梦军，朱世硕，等．山东黄河流域湿地变化及驱动因素分析［J］．山东林业科技，2024，54（02）：45-50.

［25］马昱新，陈启斌，王朝旭，等．技术标准视角下我国污水处理厂尾水人工湿地设计分析［J］．环境工程技术学报，2023，13（04）：1287-1294.

［26］汪锋，钱庄，张周，等．污水处理厂尾水对排放河道水质的影响［J］．安徽农业科学，2016，44（14）：65-68.

［27］岳冬梅，赵东华，吴耀．我国尾水湿地的应用现状分析［J］．中国给水排水，2024，40（8）：22-27.

［28］济南市生态环境局．《济南市贯彻落实〈山东省黄河生态保护治理攻坚战行动计划〉任务分工方案》.2023-3-27.

［29］李田，何素琳，幸伟荣，等．浅谈小微湿地修复［J］．南方农业，2021，15（3）：22-23.

［30］赵晖，陈佳秋，陈鑫，等．小微湿地的保护与管理［J］．中国土地科学，2018，14（4）：22-25.

［31］山鹰，张玮，李典宝，等．上海市不同区县中小河道氮磷污染特征［J］．生态学报，2015，35（15）：5239-5247.

［32］黄建华，周晓然，李辉．"十四五"时期北京将再添小微湿地50处湿地保护法6月1日起施行［J］．绿化与生活，2022（01）：26-29.

［33］Tews J，Brose U，Grimm V，et al. Animal species diversity driven by habitat heterogeneity/diversity：the importance of keystone structures［J］．Journal of Biogeogra- phy，2004，31：79-92.

［34］Tilley D R，Brown M T. Wetland networks for storm water management in subtropical urban watersheds［J］．Ecological Engineering，1998，10（2）：131-158.

［35］高原．生态网络影响下的生态湿地体系构建—欧洲生态网络体系案例研究及启示［J］．城市建筑，2015（23）：293-294.

［36］吴江琪，马维伟，李广，等．尕海湿地沼泽化草甸中不同积水区土壤活性有机碳含量［J］．湿地科学，2017，15（1）：137-143.

［37］聂莹莹，李新娥，王刚．阳坡-阴坡生境梯度上植物群落 α 多样性与 β 多样性的变化模式及与环境因子的关系［J］．兰州大学学报：自然科学版，2010，46（3）：73-79.

［38］Latour B. Reassembling the social：an intorduction to actor- network- theory［M］. Oxford：Oxford University Press，2007.

［39］Maes J，Jacobs S. Nature- based solutions for Europe's sustainable development［J］. Conservation Letters ，2017，10（1）：121-124.

［40］大卫·弗莱切尔，高健洲．景观都市主义与洛杉矶河［J］．风景园林，2009（2）：54-61.

［41］马克思．马克思恩格斯文集：第7卷［M］．北京：人民出版社，2009.

［42］曹哲静．荷兰空间规划中水治理思路的转变与管理体系探究［J］．国际城市规划，2018，33（06）：68-79.

[43] 郑志，刘塨．福建小城镇居住区生态规划探索［J］．建筑学报，2007，(11)：26-28.

[44] Klijn F, de Bruin D, de Hoog M, et al. Design quality of room- for- the- river measures in the Netherlands: role and assessment of the quality team (Q- Team) ［J］. Int J River Basin Manag, 2013, 11: 287-299.

[45] 王宗祺，张路峰．从抵御到接纳——荷兰填海造地实践中基于自然的解决方案［J］．新建筑，2024 (02)：72-77.

[46] 吕帅．最具有可持续性的城市办公建筑设计探索——旧金山公共事业委员会新行政总部［J］．动感 (生态城市与绿色建筑)，2013 (Z1)：75-81.

[47] 赵传海．论文化基因及其社会功能［J］．河南社会科学，2008 (2)：50-52.

[48] 刘沛林．古村落文化景观的基因表达与景观识别［J］．衡阳师范学院学报 (社会科学)，2003 (4)：1-8.

[49] van Zomeren M, Postmes T, R. Spears toward an integrative social identity model of collective action: a quantitative research synthesis of three socio-psychological perspectives ［J］. Psychological Bulletin, 2008, 134: 504-535.

[50] 康芒斯．制度经济学［M］．北京：商务印书馆，1962，87.

[51] 凡勃伦．有闲阶级论［M］．北京：商务印书馆，1964，139.

[52] 杨党校．广义循环经济运行的制度保障［J］．山东理工大学学报 (社会科学版)，2008，2：26-30.

[53] 王丽娟．生态文明必须依托制度建设［N］．南方日报，2013-02-04 (F02)．

[54] 夏光．建立系统完整的生态文明制度体系——关于中国共产党十八届三中全会加强生态文明建设的思考［J］．环境与可持续发展，2014 (2)：9-11.

[55] 刘登娟，黄勤，邓玲．中国生态文明制度体系的构建与创新—从"制度陷阱"到"制度红利"［J］．贵州社科，2014 (2)：17-21.

[56] 吕宪国．湿地科学研究进展及研究方向［J］．中国科学院院刊，2002 (03)：170.

[57] 陈仲新，张新时．中国生态系统效益的价值［J］．科学通报，2000，45 (1)：17-22.

[58] 肖涛，石强胜，闻熠，等．湿地生态系统服务研究进展［J］．生态学杂，2022，41 (6)：1205-1212.

[59] Barbier E B. Wetlands as natural assets ［J］. Hydrological Sciences Journal, 2011, 56 (8): 1360-1373.

[60] Dhote S, Dixit S. Water quality improvement through macrophytes——a review ［J］. Environmental Monitoring and Assessment, 2009, 152 (1/4): 149-153.

[61] Gedan K B, Kirwan M L, Wolanski E, et al. The present and future role of coastal wetland vegetation in protecting shorelines: answering recent challenges to the paradigm ［J］. Climatic Change, 2010, 106 (1): 7-29.

[62] 俞孔坚，张蕾．黄泛平原区适应性"水城"景观及其保护和建设途径［J］．水利学报，2008 (6)：688-696.

[63] 徐海亮，轩辕彦．史前时期黄河泛及济淮的地文探索［J］．黄河文明与可持续发展，2022 (02)：1-33.

[64] 张冬杰, 梁江涛, 张鹏远, 等. 黄河山东段两侧 33 座国家湿地公园中植物群落的物种丰富度研究 [J]. 湿地科学, 2023, 21 (03): 367-374.

[65] 张苏娟, 张文娟. 菏泽市现代水网建设规划探讨 [J]. 山东水利, 2024 (02): 1-3.

[66] 张枫, 张文君, 杨通. 北方河网地区城市黑臭水体治理经验——以菏泽市城区为例 [J]. 水利水电快报, 2022, 43 (08): 35-39.

[67] Chen M, Lu G, Guo C, et al. Sulfate migration in a river affected by acid mine drainage from the Dabaoshan mining area, South China [J]. Chemosphere, 2015, 119: 734-743.

[68] Zhang L, Cheng H, Yao Z, et al. Application of the improved knothe time function model in the prediction of ground mining subsidence: a case study from Heze city, Shandong province, China [J]. Applied Sciences, 2020b, 10 (9): 3147.

[69] 周庆, 严芳芳, 周静. 菏泽市 "十二五" 区域用水总量监测分析 [J]. 山东水利, 2017 (09): 44-45.

[70] 崔瑛, 张强, 陈晓宏, 等. 生态需水理论与方法研究进展 [J]. 湖泊科学, 2010, 22 (04): 465-480.

[71] 菏泽市自然资源和规划局. 菏泽市国土空间总体规划 (2021——2035 年) [R]. 2023 年 1 月.

[72] 菏泽地区水利志编纂委员会. 菏泽地区水利志 [M]. 南京: 河海大学出版社, 1994.

[73] 李爱敏, 颜培霞, 时洪蕾. 1970—2020 年黄河流域菏泽段 LUCC 时空演化及驱动力分析 [J]. 菏泽学院学报, 2024, 46 (02): 65-75.

[74] 吕胜国, 孟令杰. 菏泽市主要河道水质现状评价及变化趋势分析 [J]. 人民黄河, 2019, (S2): 37-39, 50.

[75] 李一平, 魏蓥蓥, 潘泓哲, 等. 一种分析城市化对平原河网水系格局变化影响的研究方法与流程 [P]. CN21086852, 2020-06-12.

[76] 习近平. 在黄河流域生态保护和高质量发展座谈会上的讲话 [J]. 求是, 2019 (20): 4-11.

[77] Buchwald K, Engelhardt W. Handbuch fur Planning, Cestaltung und Schutz der Umwelt [M]. Munich: BLV Verlagsgesellschaft, 1980.

[78] Jongman R H G. Nature conservation planning in Europe: developing ecological networks [J]. Landscape and Urban Planning, 1995, 32, 169-183.

[79] Jongman R H G. Homogenisation and fragmentation of the European landscape: ecological consequences and solutions [J]. Landscape and Urban Planning, 2002, 58: 211-221.

[80] 赵云峰. 天津湿地经济价值问题研究 [J]. 中国商贸, 2013 (19): 170-171.

[81] 李青山, 张华鹏, 崔勇, 等. 湿地功能研究进展 [J]. 科学技术与工程, 2004, 4 (11): 972-976.

[82] 李宗礼, 李原园, 王中根, 等. 河湖水系连通研究: 概念框架 [J]. 自然资源学报, 2011, 26 (3): 13-522.

[83] 刘伯娟, 邓秋良, 邹朝望. 河湖水系连通工程必要性研究 [J]. 人民长江, 2014 (16): 5-6.

[84] 金凤君. 基础设施与人类生存环境之关系研究 [J]. 地理科学进展，2001，20（3）：275-284.

[85] Mirza M S, Haider M. The state of infrastructure in Canada: implications for infrastructure planning and policy [J]. Infrastructure Canada, 2003, 29 (1): 17-38.

[86] Mander U, Jagonaegi J. Network of compensative areas as an ecological infrastructure of territories. Connectivity in Landscape Ecology, Proc. of the 2nd International Seminar of the International Association for Landscape Ecology [J]. Ferdinand Schoningh, Paderborn, 1988: 35-38.

[87] 王英，王浩，龚家国，等. 雄安新区城市水系结构规划分析 [J]. 水利水电技术（中英文），2022（07）：199-208.

[88] 朱春霞，张培峰，晁靖. 浅谈洙赵新河和东鱼河工程治理措施 [J]. 山东水利，2022，2：41-42.

[89] 董哲仁，孙东亚，彭静河. 流生态修复理论技术及其应用 [J]. 水利水电技术，2009，40（1）：4-9.

[90] Jongman R H G. Ecological networks, from concept to implementation [R]. Netherlands: Wageningen UR, 2004.

[91] 侯颖. 撤村并居迁村并点村庄合并填空补实——对山东省菏泽市村庄改造试点工作的调查与思考 [J]. 中国土地，2011（06）：46-48.

[92] 刘洋. "地水整合"的城市水系整体空间规划建设研究 [D]. 重庆：重庆大学，2015.

[93] 陈梦芸，林广思. 基于自然的解决方案：利用自然应对可持续发展挑战的综合途径 [J]. 中国园林，2019，35（03）：81-85.

[94] Davis M, Naumann S. Making the case for sustainable urban drainage systems as a nature-based solution to urban flooding [M] //Nature-based solutions to climate change adaptation in urban areas. Cham: Springer, 2017: 123-137.

[95] 张祥伟. 湿地生态需水量计算 [J]. 水利规划与设计，2005，29（2）：13-19.

[96] 周林飞，许士国，李青山，等. 扎龙湿地生态环境需水量安全阈值的研究 [J]. 水利学报，2207，38（7）：845-851.

[97] King J M, Oorens A H M, Holland J. In search for ecologically meaningful low flows in Western Cape Streams. In Graham S. Proceedings for the Seventh South African National Hydrological Symposium [R]. South Africa, 1995.

[98] 周庆，严芳芳，周静. 菏泽市"十二五"区域用水总量监测分析 [J]. 山东水利，2017，9：44-45.

[99] 国家林业局. 关于做好湿地公园建设工作的通知（林护发 [2005] 118 号）. 2005 年 8 月.

第 2 章　利用人工湿地修复与改善城市水生态环境

人工湿地具有水生态共生功能，在湿地中发生生物化学循环和水循环，是独特的功能单元。人工湿地运行维护费用低，运行稳定，操作简单，是一种环境友好、可持续水环境修复技术。人工湿地尺度和形态可调性强，有较好的美学效果，可以用于城市公共空间、独栋建筑、公园和绿地，通过有效设计，可以实现人工湿地多种生态功能与场地有机融合。本章提出了利用人工湿地作为功能单元进行多空间组织，解决城市内涝，改善城市水生态环境质量的技术策略。

2.1　人工湿地与人工湿地的功能

人工湿地是一种由人工建造的模拟自然湿地系统的综合水处理技术，利用系统中植物、基质及相关微生物的三重协同作用实现污水的净化[1]，当受污染水体流经人工湿地时，通过填料的过滤、吸附、植物的吸收、共沉淀、微生物的降解和转化等协同作用可有效除去部分污染物，达到改善水质的目的[2,3]。人工湿地是一种用于水污染控制的综合系统，涉及物理、化学和生物多种过程，在各种作用的相互协调下，促进废水中污染物质的有效处理和水资源综合利用，并不对环境造成二次污染，实现了污水的资源化再利用[4]。1952 年德国的 Kathe Seidel 博士在德国的 Max Planck 学院进行人工湿地第一次用于污水处理的试验[5]，20 世纪 70 年代 Reinhold Kickuth 的人工湿地处理污水的试验取得成功[6]。之后，人工湿地主要用于生活污水和市政污水的处理[7]。90 年代用于处理不同类型污水的人工湿地数量迅速增加。模拟自然湿地的人工湿地被认为是绿色处理技术，并广泛用于各类污水的处理[8]。近四十年，有别于传统工艺的人工湿地，应用更加普遍，费用低，运行稳定，设计操作简单，是一种环境友好、可持续的污水处理技术[9]。人工湿地被称为生态基础设施，这个设施通过恰当地设计，可以具有自组织、自设计、自管理的能力，与经济社会有较强的一致性，是强大的、可持续的多效能系统[10]。

人工湿地是多功能生态基础设施。人工湿地可以有效去除多种污染物，如有机化合物、悬浮物、大肠杆菌、营养物和突发的污染。利用自然湿地的优点，可以更有效地控制水环境质量，在生活污水处理领域更富有成效[11,12]。田纳西州流域局发布了设计导则[13]。世界范围的运行经验，即便是在冬季，人工湿地也可以维持较好的运行效率。捷克利用潜流人工湿地处理化粪池出水，水温为2℃，进水 BOD_5 251mg/L，出水 34mg/L；进水 TP 12mg/L，出水 9mg/L；进水 TN 86mg/L，出水 64mg/L[14]。人工湿地能够弥补和抵消一部分由于农业开发和城市化导致自然湿地消失的速率。人工湿地能改善水质，防洪，水生植物纤维可以用作经济作物[15]。人工湿地生态系统具有一定的环境价值及经济效益。有学者[16]通过一些科学的评价方法（旅游费用法、条件评价法、生态价值法）对人工湿地系统进行价值评价，发现人工湿地环境经济效益显著，工程总投资 138 万元的条件下，核算该人工湿地系统总价值达 749.46 万元，总经济效益可达342.06 万元。

人工湿地是经济节能的设施：在投资及运行费用上，因人工湿地不需要复杂的设备，也不会产生大量污泥，无须专业技术人员维护管理[17]，与一般的污水处理工艺相比较，人工湿地具有投资省的特点[18]，并且运行成本较低[19]。

人工湿地对大气污染有一定的净化功能[20]：人工湿地植物对大气污染物具有一定的净化作用，主要通过体表吸附、叶内积累、代谢降解、植物转化和固化[21,22]等作用达到对大气污染的缓解作用。

人工湿地具有广泛的应用场景：人工湿地处理设施可以用于城市公共空间，甚至独栋建筑，人工湿地系统简单有效，造价低，有较好的美学效果，与景观协调还有教育意义。

人工湿地是生态基础设施，按照生态基础设施的定义，生态基础设施是由栖息地、自然保护区、森林、河流、沿海地带、公园、湿地、生态廊道及其他一切自然或半自然的构成，能够提供基础性支持功能的生态服务设施[23]，通过有效设计人工湿地可以让湿地与景观融合，成为多种生态功能的基础设施。

2.2　人工湿地与公共空间融合

雨水收集与回用可以减缓城区雨水洪涝和地下水位的下降、控制雨水径流污染、改善城市生态环境等，具有广泛实用意义[24]。屋顶雨水收集与回用已经成为应对水资源短缺的重要措施，是可持续水资源管理的战略方向[25]。屋顶雨水回用作为景观用水是雨水最便捷的回用途径，收集后的雨水进入景观湿地，进行净化与回用，同步营造湿地景观，实现了建筑与湿地景观的融合。雨水湿地是营造水生态环境，减少景观用水消耗，抵消降雨负面影响，防止含水层枯竭的近自然生态系统[26]，是经济社会环境友好的设施。人工湿地尺寸和形态弹性大，能与景观设计紧密结合，形成多样的城市绿色开放空间；可以与居住区、停车场、商业街区、广场、滨水空间融合，用于新城建设与老城改造，比传统的基础设施更加经济适用,对水质和水量控制高效,环境友好,可以将城市化的影响降到最低,可以更加生态化利用城市开放空间和公共空间。

英国泰晤士河水公司设计了 2000 年世纪圆顶示范工程[27]。世纪圆顶内建设了处理能力为 100m³/d 的人工湿地,用于处理从屋顶收集的雨水。世纪圆顶屋面为 100 000m²,雨水经 24 个汇水斗进入地表水排放管中,进入雨水储存池,溢流的雨水排入泰晤士河。如图 2.1 所示,处理单元包括两个表面流芦苇床和一个净化塘,每个人工湿地表面积为 250m²,净化塘的容积为 300m³。选用了芦苇作为湿地植物,种植密度为 4 株/m²,坡度为 0.5%。芦苇湿地对含有从圆顶冲刷的污染物初雨水进行吸附和降解。芦苇湿地纳入世纪圆顶的景观设计,发挥景观营造的作用。

图 2.1　英国伦敦世纪圆顶雨水处理利用系统

公共建筑屋顶雨水获取便捷,利用人工湿地借助公共建筑周边的景观空间,进行生态景观的营建,可以实现雨水回收利用,控制雨水径流污染周围水体,形成生态景观系统。如图 2.2 所示为德国波茨坦广场项目,收集后的雨水进入地下储水箱。经初步的过滤和沉淀,雨水通过地下层控制室里的 19 个水泵和 2 个过滤器进入各个大楼的中水系统用于冲厕、浇灌绿地等,还有一部分被送到地面雨水湿地。人工湿地每小时处理量为 150m³ 的雨水[28],19 栋建筑每年处理 23000m³ 的雨水,雨水蓄水池为 3500m³,人工湿地为 1900m²。

图 2.2　公共建筑空间人工湿地景观布局

与公共空间融合的人工湿地,根据核算径流、峰值流量、径流污染和雨水资源化利用量等湿地设计关键参数，确定湿地面积，进行设计结果的场地转换，使湿地设计融入场地。依据不同季节与特定场地的时空特性，选用不同植被提高城市生态与文化辨识度，实现了公共空间向生态空间转化，城市运转从消耗资源向回收资源的生态化演化。

2.3　人工湿地与道路绿化带（线性空间）融合

绿化带是市政道路的重要组成部分，是道路红线范围内的带状绿地，分为分车绿化带、行道绿化带和路侧绿化带[29]。《城市道路交通规划及路线设计标准》（DBJ 50/T-064—2022）中规定：道路绿化宽度宜为红线宽度的 15% ~20% 。将道路的附属行道绿带和路侧绿化带转换为人工湿地带是有效的街道雨洪管理、实现资源化利用、节约用水的模式。利用道路绿化带线型空间，修建开放式湿地是便捷的道路湿地布局方式。道路两侧的湿地能有效地截留雨水径流冲刷道路带来的污染，通过湿地滞留雨水，净化雨水，下渗雨水，实现雨水资源的回收与再用。相关实验表明，在一般降雨条件下，雨水湿地能滞留街道 75% ~80% 的雨水径流，传统的地下管网设施只能截流 25% 的雨水径流[30]。现行的道路绿化带设计规范，规定分车绿化带和行道绿化带绿化树木，乔木中心与雨水管线的外缘水平距离为 1.5m，灌木没有明确要求，行道绿化带下面不得铺设管线。面向节水城市，生态城市发展需求，迫切需要改变城市雨水排水系统布设规范，打破城市空间与城市景观相分离的现状，利用开放人工湿地排水沟代替集中雨水排水管道，将道路沿线的雨水排水管铺设在行道绿化带内，形成城市生态柔性界面和新型雨水管理空间。线型的人工湿地实现了雨水管理的生态化，形成了大尺度城市人工湿地雨水走廊。

西雅图公共事务局创新街道设计，利用湿地形成自然排水系统，替代传统的排水管，减少了雨水径流对下游河道污染。结合道路条件，湿地自然排水系统形式多样，不同形态综合运用灌木和湿地植被的丰富景观带；湿地自然排水系统降低径流流速，减少径流量，增强净化效果，改善径流水质，形成优美道路景观，如图 2.3 所示。该项目在实施过程中最大的障碍来源于开放的湿地排水系统与现行的道路法规矛盾，如道路的宽度、路沿石、雨水口和雨水收集设施[31]。线型湿地绿化带是传统城市绿化带设计的生态化变革，道路可将 25 年一遇的暴雨流量减少 85% 。

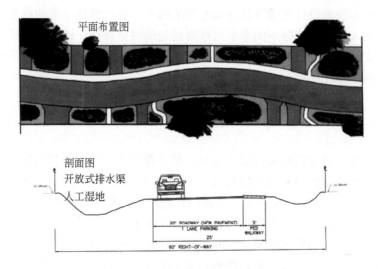

图 2.3　道路线型湿地景观带示意图

2.4　人工湿地与住宅区景观融合

人居环境与人工湿地耦合，集雨水管理和水源涵养功能于一体。德国新建或改建社区，除特定情况外，雨水不能直接排放到城市公共管网；开发后的径流量不得高于开发前的径流量，即实现"排放量零增长"，居住区的雨水需要100%收集利用。研究表明在居住区营建自然景观，湿地景观是所有自然景观中的首选，我国在1995年就提出将湿地纳入居住区景观规划[32]。居住区用地类包括住宅用地、公共服务设施用地、道路用地和公共绿地，有关研究认为将居住区用公共绿地规划设计为人工湿地景观是最为便捷的技术途径。按照规范，新建住宅小区的绿地面积不小于30%，老旧小区不小于25%；根据《人工湿地污水处理工程技术规范》的规定，人工湿地的水体深度在300~1600mm。《居住区环境景观设计导则（2006版）》规定了居住区内景观水体深度，如在近岸边2m范围内无护栏，水深不超过0.5m[33]，居住区内人工湿地的水深最适宜在0.5m左右。住宅小区雨水湿地可以收集屋顶、街道和人行道上的雨水，减少雨水污染和对受纳水体的影响[34]，种植不同湿地植物形成湿地景观。湿地景观可以反射太阳辐射，吸收太阳能转化为化学能，降低周围环境温度，减少热岛效应；吸收温室气体，改善空气质量；提高居住区美学体验，增强生物多样性的作用[35]，改善居住区水生态环境。

2.5　人工湿地与河道融合

人工湿地与河道融合包括两类形式，一类是用来提高河道水质，在河道旁路建设人工湿地，将河水拦截提升至旁路人工湿地处理净化后再回河道[36]；另一类是在污水处理厂排水口下游、河流入湖口、支流入干流处等关键节点建设人工湿地，利用生态方式进一步提升处理达标后的排水和微污染河水。近年来，河道旁路人工湿地已经成为河道水环境治理的重要技术。旁路人工湿地类型及湿地布局，直接影响人工湿地的占地面积、净化效果、投资运行及维护管理。例如，北京北运河是重要的排水河道，北京段全长 41.9km，承担着中心城区 90%，城市副中心 85%，通州区 87% 的排洪任务[37]。北运河干流和支流整体污染较为严重，氮污染最为突出，其次为磷污染和好氧有机物污染[38]。为了改善北运河河道水质，修建了北运河旁路人工湿地，由表流湿地和潜流湿地组成，如图 2.4 所示。表流湿地与潜流湿地并联运行，其中表流湿地面积 3450m²，水深 1m，日处理量为 3000m³；潜流湿地面积 4805m²，日处理量为 2000m³。表流湿地采用地表推流进水，目前北运河主河道大部分水质达到Ⅳ类。

图 2.4　北京北运河与河道旁路人工湿地

研究表明湿地形态的弯曲度影响湿地运行效能，随着湿地弯曲边数的增加，形成了复杂多变的水力条件，为生物提供了多样化的栖息空间[39]。在设计河漫滩湿地时，适度的设计弯曲边数对河漫滩湿地生态水力过程起到积极的作用。适度的弯曲边数有利于提高河漫滩湿地的净化、吸附、分解、沉降作用，有利于恢复湿地生境[40]。

山东省为加强河湖生态保护修复，要求在污水处理厂排水口下游、河流入湖口、支流入干流处等关键节点建设人工湿地。2021 年生态环境部颁布《人工湿地水质净化技术指南》，用于指导各地开展人工湿地水质净化相关工作，指南要求人工湿地水质净化工程只承担达标排放的污水处理厂出水等低污染水的水质改善任务，不应作为直接处理生产生活污水的治污设施。

2.6　人工湿地与污水处理厂排水系统融合

作为城市的重要补充水源，城市污水厂尾水的再生利用有效缓解了黄河流域城市供水紧张的问题，显著改善了水环境。根据《中国环境统计年鉴 2023》，截止到 2023 年，山东出水处理尾水利用率 52%，其中主要用于城市景观用水。城市污水处理厂出厂水质可以达到《城镇污水处理厂污染物排放标准》（GB 181918—2002）或更为严格的污水排放地方标准，但仍无法满足《地表水环境质量标准》（GB 3838—2002）中的 V 类标准，如表 2.1 所示。城市污水处理厂尾水景观利用的主要问题是尾水中营养盐含量较高，尤其是 TN 含量极高，容易导致景观水体发生富营养化，影响水体的景观功效。受水资源和降雨季节性分布不均匀的影响，黄河流域平原地区的河道生态水量不足普遍存在，保障足够的生态、补水是维持河道生态的关键，城市污水处理厂尾水作为城市景观用水是黄河流域水资源的集约节约利用，是水资源管理的重要策略。

表 2.1　地表水 V 类水和一级 A 排放水基本项目标准限值的比较

序号	基本水质指标	单位	V 类水指标	一级 A 指标	比较
1	COD	mg/L	40	50	1.25 倍
2	BOD_5	mg/L	10	10	
3	石油类	mg/L	1.0	1.0	
4	阴离子表面活性剂	mg/L	0.3	0.5	1.67
5	TN	mg/L	2.0[a]	15	7.5
6	NH_4^+-N	mg/L	2.0	5（8）[b]	2.5~4
7	TP	mg/L	0.2	0.5	2.5
8	pH	–	6~9	6~9	
9	粪大肠菌群数	个/L	40000	1000	

a 湖、库的 V 类标准限值；b 括号外数值为水温>12℃时的控制指标，括号内数值为水温≤12℃时的控制指标。

我国为了加强三水统筹，提升水环境质量和水资源利用效率，颁布了《关于推进污水资源化利用的指导意见》（2021）、《黄河流域生态保护和高质量发展规划纲要》（2021）、《区域再生水循环利用试点实施方案》（2021）、《重点流域水生态环境保护规划》（2023）等制度政策文件，着力构建水污染治理、水生态修复与保护和水资源高效利用制度机制，要求在污水处理厂下游因地制宜建设尾水型人工湿地水质净化工程，对处理达标后的排水进一步改善，出水进入城市河道作为景观生态用水。

污水处理厂尾水具有水量大、水质相对稳定、受季节和气候影响小等特点，是一种可潜在利用的水资源，已经逐渐被国际认定为"城市第二水源"。用于尾水深度处理的人工湿地主要包括表面流人工湿地、垂直流人工湿地和水平潜流人工湿地，或者各类型湿地组合的复合人工湿地。人工湿地用于处理常规污染物，如 SS、有机物和营养盐，病原菌和重金属；用于处理有机微污染物，如药物、PPCP 和除草剂等；人工湿地尾水处理可以降低污染物排放的生态毒理效应。采用人工湿地技术深度净化城镇污水处理厂尾水，降低尾水直排至受纳水体带来的水质污染风险，为河道生态用水提供补充水源，实现水资源的循环利用，营造人水和谐的环境景观，提升水生态文明建设水平。

人工湿地已经成为黄河流域下游城市的污水处理厂水处理的重要措施。东阿县污水处理厂位于东阿县城北部、北贺庄村南部、官路沟东部，处于城市下风向接地下水流向的下游，占地 74 亩。污水处理厂一期工程采用 A²/O 淹没式生物膜处理工艺＋表流人工湿地，出水进入赵牛河，作为河道生态补水。项目是"十五"国家重点科技攻关示范工程，2002 年竣工调试运行，二期工程采用 A²/O 活性污泥工艺，出水进入一期湿地体系。2008 年 11 月竣工完成，设计总日处理污水量 4 万 m³/d，如图 2.5～图 2.7 所示。

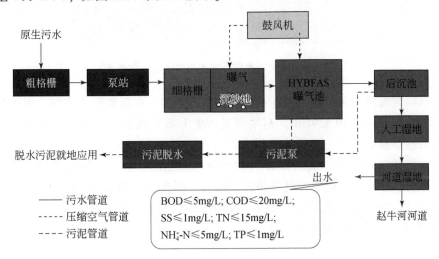

图 2.5　东阿县污水处理厂和人工湿地组合系统

图 2.6　河道前的排水渠人工湿地实景照片

图 2.7　污水处理厂总平面和湿地系统位置图

赵牛河发源于鱼山镇，沿东茌边界向东北延伸，在高集镇入齐河，境内长度 34.2km，总流域面积 529km²。赵牛河是历史上黄河改道决口遗留下的沟壑，经长期治理形成境内的主要排水河道。河道中游的断面宽 38m，水深 3.5m，边坡 1:2，流量 86.5m³/s。依据 2023 年赵牛河水质监测报告，东阿污水处理厂处理出水稳定达标排放。赵牛河赵牛桥监测断面，据排放口 200m，月均 COD 浓度为 24.24~25.10mg/L，氨氮为 0.669~0.704mg/L，满足《地表水环境质量标准》（GB 3838—2002）Ⅳ类标准的要求。

2.7　人工湿地与高速路融合

高速公路作为带动沿线经济发展和区域交流的重要基础设施，建设规模日益扩大。高速公路排水系统设计目的为，加速雨水流动，避免产生积水现象，减轻地表水侵蚀，延长其使用寿命。这与城市雨水径流排放的初期目的一样，快排，减少对生活的影响。高速公路径流排放（排水）设计主要考虑降雨对路基的稳定及路面使用寿命的影响，不考虑高速公路降雨径流对受纳水体水质影响，没有径流的集蓄利用、环境美化和景观效果方面的考量。在高速公路旁路堤，利用人工湿地水道作为排水沟，对高速公路径流进行入渗、处理与利用，实现高速公路径流污染的控制和雨水的综合利用。排水系统融入高速公路景观系统将成为可持续高速公路管理的方向。

山东滨州北互通立交区是一个双层跨越 220 国道的双喇叭型立交桥，立交桥由双车道匝道、单车道匝道和 220 国道围成，为沥青混凝土路面。边坡以草皮进行防护，坡脚下为浆砌片石排水沟，匝道内是乔灌型绿地，平面布置如图 2.8所示。

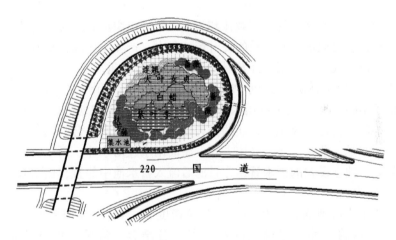

图 2.8　山东滨州北互通立交区人工湿地位置图

根据《公路排水设计规范》[41]，汇水区包括：车道匝道单元长 17m，宽15.5m，双向横向坡度 2%，纵向坡度 2.4%。单车道匝道单元长 17m，宽 8.5m，单向横向坡度 1%，纵向坡度 2.4%。桥下 220 国道单元长 34m，宽 12m，双向横向坡度 2%，纵向坡度 0.5%。汇水区匝道最高处高出原地面 6m，最低处高出原地面 0.6m 左右，边坡坡度为 1∶1.5，中间设有 2m 的边坡平台，边坡单元长50m。将设计重现期取为 5 年。滨州地区 5 年重现期 10min 降雨历时的降雨强度

为 $q_{5,10}=2.4$；5 年重现期的重现期转换系数为 $C_p=1.0$；60min 降雨强度转换系数为 $C_{60}=0.4$；10min 降雨历时的转换系数为 $C_{10}=1.0$。由上述数据计算得到 5 年重现期 10min 降雨历时的降雨强度为 2.4mm/min。计算得到各汇水单元的径流量，结果如表 2.2 所示。年均降雨深度为 600mm，年总径流量为 3120.12m³，设计人工湿地处理雨水径流，回用于高速路景观植被灌溉。

表 2.2　研究单元汇水面积和径流系数

汇水单元	面积（m²）	径流系数	径流量（m³/s）
双车道匝道单侧	131.8	0.95	0.0050
单车道匝道	144.5	0.95	0.0055
220 国道	408	0.95	0.016
匝道路基边坡	550	0.15	0.0033

2.8　人工湿地与产业园区融合

产业园区是产业聚集的空间载体和工业经济的组织形式，是产业成长的重要物质空间载体，对城市空间品质的提升影响重大。产业园区绿色低碳发展已成为我国推动生产方式绿色转型、经济社会高质量发展的重要举措[42]。按照济南市节水规划，雨水资源利用率达到 6%。《海绵城市建设指南》要求年径流总量控制率不低于 70%。城市《节约用水管理条例》明确规定规划占地 2 万 m² 以上的新建住宅小区，新建、改建、扩建的公共建筑必须有雨水综合利用设计及相应措施。屋顶雨水是工业园区典型利用方式，屋面雨水经雨水斗、雨水立管、初期雨水弃流装置、独立设置的雨水管道，过滤后流入蓄水池中静置，由水泵送至庭院用于浇灌等。

某工业企业占地面积 260504m²，建筑密度 38.71%，容积率 1.18，绿地率 19.81%。厂区将雨水、绿植浇灌和调蓄充分结合，建设了地下调蓄能力为 1350m³ 的调蓄池，人工湿地景观生态池 8500m³，实现了厂区雨水收集、处理、利用与景观营造。如图 2.9 所示是雨水收集利用人工湿地系统图。

工业园区的雨水收集、处理与利用人工湿地更具使用意义，可以防止工业园区工业污染物进入城市水体，保护水体水质，实现园区的水资源集约节约利用。

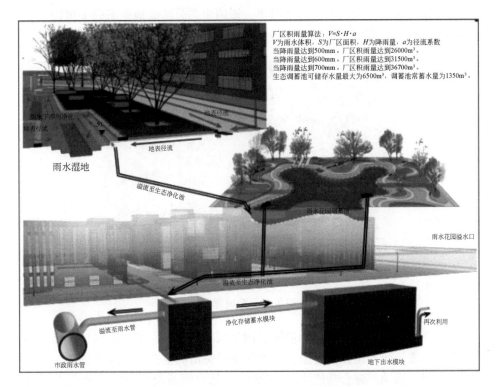

图 2.9　厂区雨水收集利用人工湿地系统图

2.9　人工湿地与公园绿地融合

2017 年住房和城乡建设部颁布《城市湿地公园规划设计导则》（建办城〔2018〕63 号），定义湿地为分布在城市规划区范围内的，属于城市生态系统组成部分的自然、半自然或人工水陆过渡生态系统。之后被进一步描述为：纳入城市（镇）绿化和景观系统规划，为城市提供生态系统服务的各种自然和人工的湿地。《城市规划基本术语标准》中公园定义为城市中具有一定的用地范围和良好的绿化及一定服务设施、供群众游憩的公共绿地。根据我国《城市绿地分类标准》（CJJ/T 85—2002）的城市绿地分类，其中公园绿地是主要的绿地形式，公园绿地具有分布广、布局灵活的特点，如图 2.10 所示，是许多生物迁移的踏脚石和重要庇护场所[43]。为了有别于以保护为目的的湿地公园，突出人工湿地的净化、渗透和调蓄功能，将此类公园称为公园湿地。城市绿地天然具备一定的调蓄城市雨洪的功能，但与以调蓄和净化为目的人工湿地相比，后者具有可预期和控制的技术措施。可以通过设计湿地基质、空间布局和湿地植被，利用湿地系统的调蓄功能增加公园绿地水系的水面率，影响生态公园绿地生态的关键因子，微生境的多样性和丰富度、植被层次与多样化、灌木的盖度、水系的分布[44]。

图 2.10　公园绿地

在这样背景下的公园湿地，应该强调公园的属性，人工湿地成为公园绿地景观营建的手段，而不是保护对象，自然湿地以突出的生态系统服务价值为主，城市公园湿地更强调其综合功能[45]。在城市绿色空间系统规划时，把雨洪湿地融入绿色空间系统中，可以使城市绿色空间得到充分利用。为此需要结合《海绵城市建设技术指南》，修改完善《城市绿地规划标准》（GB/T 51346—2019），加入对湿地率的规定，突破传统的雨水管理理念，从单一的"以排为主"转向渗流、蓄水、净化等多种生态手段，对城市绿地湿地系统进行人工化设计，利用城市绿地控制雨水径流量、径流污染和高峰流量，将城市公园中绿地设计成为具有收集、处理和景观功能的人工湿地，既有现实意义，也有水源涵养和生态价值。

雨水花园是公园湿地主要应用实践，是自然形成的或人工挖掘的浅凹绿地，被用于汇聚并吸收来自屋顶或地面的雨水，通过植物、沙土的综合作用使雨水得到净化，并使之逐渐渗入土壤，涵养地下水，补给景观用水、厕所用水等城市用水，是一种生态可持续的雨洪控制与雨水利用设施[46]。面向城市雨水资源管理和城市绿化景观系统的规划要求，城市公园湿地应该是以改善城市生态环境，维持城市生态景观结构、景观功能与景观过程的开放生态系统的组成部分。

2.10 构建维持生物多样性人工湿地

1. 连续性

在所有环境因素中，连续性被认为是决定水生物种优势种的关键因素[47]。水深较浅、表面积较大、岸线复杂是表面流湿地保持生物多样性的环境因素。岸线的复杂性主要影响大型水生植物的物种多样性，对于鸟类和水底无脊椎动物没有影响。水底无脊椎动物主要受湿地面积和运行时间的影响。连续性较高的湿地水系统提供了连续的生境。连续性还指人工湿地靠近静止的水体，水体和人工湿地成为保护生态策略的核心，也是人工湿地选址需要重点考虑的要素，人工湿地可以与周围静止的水体形成网络。在静止水体周围湿地可以自动校正 13km 范围内的物种构成[48]。自由水面的人工湿地将孤立的水面连起来，分散在孤立水面的优势种随着植被沉积而迅速繁殖[49,50]。

2. 长宽比

人工湿地的长宽比是需要重点考虑的因素，长宽比小于 2.2，尽可能接近 1，对于出口处磷的浓度小 1mg/L 有益处[51]。但是长宽比为 1，会减少人工湿地的周长，周长减少不利于强化物种多样性，充足的岸线坡度和复杂的生境可以弥补周长减少的影响，可以保持较高生物多样性。为此建造新的坑塘或者人工湿地，要求建设不同生境，以利于水生生物多样性形成[47]。自人工湿地周围采用缓坡，变化水深形成多种生境，水面占湿地总面积不小于 80%，有效水深不小 0.5m，大量生长水草和香蒲[47]。

3. 岸边植被

岸边种树可以营造类似自然坑塘系统的生境，形成排空区域，或者只是季节性被水体覆盖，区域是植被与泥土混合的，形成有利于陆地无脊椎动物和水生无脊椎动物的生境。浮岛可形成岸边生境。

4. 湿地内水体深度

剧烈的水文要素变化可以改变湿地植被群落的株高、密度以及地上生物量；持续的水文变化则会直接决定湿地植被群落的物种组成以及演替方向。人工湿地水体的深度一般控制在 0.1～1.5m，其中小于 0.2m 深度的水体要有一定的比例，靠近出水口的较清洁，较深的水体中的物种数量最高[52]。浅水湿地水力性能比深水湿地优越，增加水深不利于水力性能的提高，当水深大于 1.5m 时，许多挺水植物不易存活，湿地水力性能差，易造成短流、死区、优先流等，不利于湿地净化性能的提升[53]。浅水深水交替运行，有助于改善水力性能，提高污染物去除率，还能满足调蓄需求，提高水资源的利用率[54]。洪水淹没期和水深动态变化有利于净化效能提升，洪水淹没期的定义是超过设计水深的时间，水深变动的湿地具有发育出多种植物和动物品种的潜力，交替的深层洪水和浅水层，诱发溶解氧浓度变化，促进了硝化与反硝化。

5. 人工湿地单元的数量

最少 4～5 个湿地单元，一系列小型湿地比单一湿地产生更多物种，最后的湿地水体面积要大，形成较大的湿地水面，有利于形成更多的适宜的清洁的生态环境，强化大型无脊椎动物的物种多样性[55]。

6. 人工湿地选址

考虑地形、地质、土壤、底土、水文地质、水文、植物区系和动物区系、考古和建筑特性等因素。气候条件、降雨量、蒸发量决定了表面流湿地需要处理的水量和水在湿地中的停留时间。考虑降雨周期的影响，湿地的底部要适当倾斜，保证排水。对于坡度较大的地形，湿地面积要增加，湿地土层和底土的厚度也要增加。人工湿地不应建在地下水位高、土壤已经饱和、无法发挥过滤功能的地区，也不应建在坡度大于 15%、过于陡峭、有潜在滑坡风险的地区。

7. 人工湿地的形状

传统的人工湿地的形状都是矩形的，其他不规则形状人工湿地很少，借鉴景观生态学斑块理论，可以重新审视人工湿地斑块的形状。

紧凑的圆形的斑块，边缘小，内部面积大，维持内部微气候的能力强，维持内部独特物种的能力强；相反，狭长的斑块，边缘长，如果还有若干的分支斑块组成，可以形成较强内部基因差异，在不同的分支斑块存在不同的基因，形成独立的群落。复杂的斑块形状具有抵御害虫和防止火灾的能力。两个分支斑块中间邻近的斑块的植被优势种形成的速度快。斑块由复杂边缘和多个分支斑块构成，这个斑块与邻近斑块之间的物质和生物交流会增加，斑块也比较容易受外来种入侵。

例如沿河流流向，设计狭长的湿地斑块，湿地将沿着河流方向迅速蔓延，蔓延进一步强化边缘的复杂性，增强生物的多样性[56]。

8. 湿地植物

湿地植物是影响人工湿地效能的主导因素之一。湿地植物与基质和微生物协同，植物通过吸收、保留和同化等方式去除氮磷和其他污染物，通过植物积累去除重金属和原生动物[57]。不同水生植物的蒸散量、生物量、根密度和根长存在较大的差异，这些差异对水生植物的泌氧性能、氮磷去除效果和有机污染物的降解有重要的影响[58]。研究表明，植物的根细越长，扎根越深，越有利于氮磷的去除，植物长得越高，也越适合作为湿地植物[59]。植物通过根的生长和产氧来加速微生物群落的发展和促进根周围的"生活"环境（即好氧和厌氧交替环境)[60]。光合作用产生的氧气转移并扩散到根际环境中（即微生物群落），通过同化作用帮助植物吸收污染物。植物多样性影响生产力和污染物去除。在人工湿地系统中，植物混种群落要比单种群落处理污水的效果更好。混合植物在污水处理中比单一植物更有效，提供了更好的反硝化条件[61]，增加人工湿地植物多样性，优化水生植物的生态结构[62]。

湿地植物应该是本地种，根系发达，有干旱耐受力，较小的营养物质需求，地面上的生物量高，较高的光修复潜力[63]。

9. 用景观生态学理念改造人工湿地

城市湿地需要利用城市景观生态学的理念进行改造。人工湿地适应城市环境，逆转城市的规划与管理，多目标决策过程，其中将生态纳入城市规划与设计。自然的最明显特性是无拘束生长，人类的最明显特性是有目的地控制。当把两者结合在景观设计中时，应该以自然服务于人的方式去组织自然材料，但同时也应以最小的干涉方法让其持续发展——承认人只是自然的一部分。生态设计就是在设计范围内对规划的功能区域实现特定景观生态功能的过程，针对不同的项目以特定的生态技术应用为主要特征。

10. 从分散走向综合的规划管理

长期以来，传统专项规划聚焦自身领域的要素开发利用。国土空间规划体系下，需要建立以生态文明为基础的规划认识论和方法论，处理技术走向分散，实行场地就地处理与回用，湿地技术成为分散水环境水质保障和生态营建的关键技术，利用分散的技术实现管控的综合。

2.11 小 结

随着人类对水生态系统演进的认识，自然湿地和人工湿地逐步成为水生态修复的核心技术，广泛用于水环境修复与改善。

人工湿地管控运行的经济性，技术的近自然性，与景观融合的适宜性和对灰色基础设施改造结合的可行性，已成为营建城市水生态空间的有效技术。

本章总结提炼了人工湿地与各类空间融合的规范与技术的可行性，展示了人工湿地技术应用场景与使用潜力。

人工湿地技术为分散的雨污水就地处理、入渗与回用提供了景观技术方案，实现了多功能融合，为水环境可持续管理提供了技术策略。

参 考 文 献

［1］ Jorgensen S E. Applications in ecological engineering ［M］. America：Academic Press，2009.

［2］ Wu H, Zhang J, Ngo H H, et al. A review on the sustainability of constructed wetlands for wastewater treatment：design and operation ［J］. Bioresource Technology, 2015, 175：594-601.

［3］ Saeed T, Sun G. A review on nitrogen and organics removal mechanisms in subsurface flow constructed wetlands：dependency on environmental parameters, operating conditions and supporting media ［J］. Journal of Environmental Management, 2012, 112：429-448.

［4］ Ramirez- Vargas C A, Arias C A, Carvalho P, et al. Electroactive biofilm- based constructed wetland (EABB- CW)：a mesocosm- scale test of an innovative setup for wastewater treatment ［J］. Science of the Total Environment, 2018, 659 (1)：796-806.

［5］ Seidel K. Neue Wege zur Grundwasseranreicherung in Krefeld - Teil Ⅱ：Hydrobotanische Reinigungsmethode (New methods for groundwater recharge in Krefeld- Part 2：hydrobotanical treatment method, in German) ［J］. GWF Wasser Abwasser, 1965, 30：831-833.

［6］ Kadlec R H, Wallace S D. Treatment wetlands. 2nd. Florida：CRC Press, 2009.

［7］ Trang N T D, Brix H. Use of planted bio filters in integrated recirculating aquaculture hydroponics systems in the Mekong Delta, Vietnam ［J］. Aquacult Res, 2014, 45 (3)：460-469.

［8］ Badhe N, Saha S, Biswas R, et al. Role of algal biofilm in improving the performance of free surface, up-flow constructed wetland ［J］. Bioresour Technol, 2014, 169：596-604.

［9］ Rai U N, Tripathi R D, Singh N K, et al. Constructed wetland as an ecotechnological tool for pollution treatment for conservation of Ganga river ［J］. Bioresour Technol, 2013, 148：535-541.

［10］ Harrington R, Dunne E J, Carroll P, et al. The concept, design and performance of integrated constructed wetlands for the treatment of farmyard dirty water. Nutrient Management in Agricultural Watersheds：A Wetlands Solution ［M］. Wageningen：Wageningen Academic Publishers, 2005.

［11］ Chale F M M. Nutrient removal in domestic wastewater using common reed (Phragmites mauritianus) in horizontal subsurface flow constructed wetlands ［J］. Tanzania J Nat Appl Sci, 2012, 3：495-499.

［12］ Kumari M, Tripathi B D. Effect of aeration and mixed culture of Eichhornia crassipes and Salvinia natans on removal of wastewater pollutants ［J］. Ecol Eng, 2014, 62：48-53.

［13］ T V A. General design, construction, and operation guidelines：treatment wetlands wastewater treatment systems for small users inducing individual residences. Chattanooga：TV/WR/WQ-01/2 TVA, 1991.

[14] Vymazal J, Czech Republic. Treatment wetlands for wastewater treatment in Europe ［M］. Leiden：Backhuys Publishers, 1998.

[15] Kadlec H, Knight R L. Treatment wetlands ［M］. Boca Raton, FL：CRC Press, 1996.

[16] 侯婷婷, 徐栋, 贺锋, 等. 高速公路服务区人工湿地生态系统价值评价 ［J］. 环境科学与技术, 2013 (S2)：412-415, 427.

[17] 李红艳, 章光新, 李绪谦, 等. 人工湿地净化高速公路污染的研究 ［J］. 安徽农业科学, 2009 (15)：7164-7166, 7191.

[18] 陈榕. 人工湿地技术在水域生态修复中的应用 ［J］. 山西建筑, 2023, 49 (23)：126-128.

[19] Omasa K, Takayama K. Image instrumentation of chlorophyll a fluorescence for diagnosing photosynthetic injury. Air Pollution and Plant Biotechnology ［M］. Berlin：Springer-Verlag, 2002：287-308.

[20] 丁菡, 胡海波. 城市大气污染与植物修复 ［J］. 南京林业大学学报 (人文社会科学版), 2005 (02)：84-88.

[21] 汤萌萌, 孙友峰, 陈茗等. 江西庐山中心服务区污水生态处理工程简介 ［J］. 交通建设与管理, 2009 (09)：70-74.

[22] 华涛, 周启星, 贾宏宇. 人工湿地污水处理工艺设计关键及生态学问题 ［J］. 应用生态学报, 2004 (07)：1289-1293.

[23] Mander U, Jagonaegi J. Network of compensative areas as an ecological infrastructure of territories. Connectivity in Landscape Ecology, Proc. of the 2nd International Seminar of the International Association for Landscape Ecology. Ferdinand Schoningh, Paderborn, 1988.

[24] 车武, 李俊奇. 对城市雨水地下回灌的分析 ［J］. 城市环境和城市生态, 2001, 4：28.

[25] Leong J Y C, Chong M N, Poh P E, et al. Longitudinal assessment of rainwater quality under tropical climatic conditions in enabling effective rainwater harvesting and reuse schemes. J. Clean. Prod., 2016, 143：64-75.

[26] TRHEC (Texas Rainwater Harvesting Evaluation Committee). Rainwater harvesting potential and guidelines for Texas ［S］. Texas Water Development Board, Austin, TX, 2006.

[27] Zoe M, Sarah F, Sian H. Waste minimization and water recycling- a case study at the Millennium dome ［J］. IWA Yearbook, 2000：30-32.

[28] 李亮. 德国建筑中雨水收集利用 ［J］. 世界建筑, 2002, 12：56-58.

[29] 陆哲明, 张梦晗, 赵彤, 等. 城市道路绿带多维规划模型探讨 ［J］. 园林, 2023 (10)：85-91.

[30] Rain gardens made one Maryland community famous ［EB/OL］.

[31] Tracy Tackett. Low impact development program manager ［S］. Seattle：Seattle Public Utilities, 2012.

[32] Donald L. Tilton, integrating wetlands into planned landscapes ［J］. Landscape and Urban

Planning, 1995, 32: 205-209.

[33] 建设部住宅产业化促进中心. 居住区环境景观设计导则 [S]. 北京: 中国建筑工业出版社, 2006.

[34] Jennings A A, Berger M A, Hale J D. Hydraulic and hydrologic performance of residential rain gardens [J]. J. Environ. Eng, 2015, 141: 04015033.

[35] Rey C V. Green roof design with engineered extensive substrates and native species to evaluate stormwater runoff and plant establishment in a Neotropical mountain [J]. Sustainability, 2020, 12 (16): 6534.

[36] 宋凯宇, 吕丰锦, 张璇, 等. 河道旁路人工湿地设计要点分析——以华北地区某河道旁路人工湿地为例 [J]. 环境工程技术学报, 2021, 11 (1): 74-81.

[37] 刘宇同, 杨伟超, 杨丽娜, 等. 北运河流域水生态恢复与保护的实践探索 [J]. 北京水务, 2019 (3): 57-62.

[38] 郭玉婷, 王玮敏, 吴琳琳. 北京市温榆河–北运河水系水质空间分布特征研究 [J]. 中国环境监测, 2024, 40 (01): 139-150.

[39] Schumm S A. Patterns of alluvial rivers [J]. Annual Review of Earth and Planetary Sciences, 1985, 13 (1): 5-27.

[40] 吕淑婷. 基于生态水力特性的河漫滩湿地形态设计研究 [D]. 天津: 天津大学, 2022.

[41] 同济大学. 公路排水设计规范 (JTJ 018-97) [S]. 北京: 人民交通出版社. 1998.

[42] 吕晓冯. 产业园绿色低碳循环发展的几点思考 [J]. 资源再生, 2021 (12): 6-11.

[43] Kong F, Yin H, Nakagoshi N, et al. Urban green space network development for biodiversity conservation: identification based on graph theory and gravity modeling [J]. Landscape & Urban Planning, 2010, 95 (1-2): 16-27.

[44] 陶晓丽, 陈明星, 张文忠, 等. 城市公园的类型划分及其与功能的关系分析——以北京市城市公园为例 [J]. 地理研究. 2013, 32 (10): 1964-1976.

[45] 骆林川. 城市湿地公园建设的研究 [D]. 大连: 大连理工大学, 2009.

[46] 俞孔坚, 李迪华, 潮洛蒙. 城市生态基础设施建设的十大景观战略 [J]. 规划师, 2001 (06): 9-15.

[47] Williams P, Whitfield M, Biggs J. How can we make new ponds biodiverse? A case study monitoried over 7 years [J]. Hydrobiologia, 2008, 597: 137-148.

[48] Briers R A, Biggs J. Spatial patterns in pond invertebrate communities: separating environmental and distance effects [J]. Aquatic Conservation: Marine and Freshwater Ecosystems, 2005, 15: 549-557.

[49] Brow S C, Smith K, Batzer D. Macroinvertebrate responses to wetland restoration in northern New York [J]. Environmental Entomology, 1997, 26: 1016-1024.

[50] Brady V J, Cardinale B J, Gathman J P, et al. Does facilitation of faunal recruitment benefit ecosystem restoration? An experimental study of invertebrate assemblages in wetland mesocosms [J]. Restoration Ecology, 2002, 10: 617-626.

[51] Scholz M, Harrington R, Carroll P, et al. The Integrated Constructed Wetlands (ICW)

concept. Wetlands, 2007, 27: 337-354.

[52] Hansson L A, Bronmark C, Anders Nilsson P, et al. Conflicting demands on wetland ecosystem services: Nutrient retention, biodiversity or both? [J]. Freshwater Biology, 2005, 50: 705-714.

[53] Dierberg F E, Juston J J, Debusk T A, et al. Relationship between hydraulic efficiency and phosphorus removal in a submerged aquatic vegetation- dominated treatment wetland [J]. Ecol. Eng, 2005, 25 (1): 9-23.

[54] Zhang D Q, Jinadasa K B, Gersberg R M, et al. Application of constructed wetlands for wastewater treatment in developing countries- A review of recent developments (2000—2013) [J]. J. Environ. Manage. , 2014, 141: 116-131.

[55] Becerra-Jurado G, Johnson J, Feeley H, et al. The potential of integrated constructed wetlands to enhance macroinvertebrate diversity in agricultural landscapes [J]. Wetlands, 2010, 30: 393-404.

[56] Forman R T T. Land mosaics: the ecology of landscapes and regions [M]. Cambridge: Cambride University Press, 1995.

[57] Hu Y, He F, Ma L, et al. Microbial nitrogen removal pathways in integrated vertical-flow constructed wetland systems [J]. Bioresource Technology, 2016, 207: 339-345.

[58] 彭江燕, 刘忠翰. 不同水生植物影响污水处理效果的主要参数比较 [J]. 云南环境科学, 1998, 17 (2): 47-51.

[59] Read J, Fletcher T D, Wevill T, et al. Plant traits that enhance pollutant removal from stormwater in biofiltration systems [J]. Int. J. Phytoremediation, 2009, 12 (1): 34-53.

[60] Calhoun A, King G M. Regulation of root-associated methanotrophy by oxygen availability in the rhizosphere of two aquatic macrophytes [J]. Applied and Environmental Microbiology, 1997, 63: 3051-3058.

[61] Bachand Pa M, Horne A J. Denitrification in constructed free- water surface wetlands: Ⅱ . Effects of vegetation and temperature [J]. Ecological Engineering, 2000, 14: 17-32.

[62] Zhu S X, Ge H L, Ge Y, et al. Effects of plant diversity on biomass production and substrate nitrogen in a subsurface vertical flow constructed wetland [J]. Ecological Engineering, 2010, 36: 1307-1313.

[63] Vijayaraghavan K, Biswal B K, Adam M G, et al. Bioretention systems for stormwater management: Recent advances and future prospects [J]. Journal of Environmental Management, 2021, 292: 112766.

第3章 构建流域水污染控制导向下的湿地体系

人工湿地是用人工筑成水池或沟槽,底面铺设防渗隔水层,充填一定深度的基质层,种植水生植物,利用基质、植物微生物的物理、化学、生物多重协同作用使污水得到净化[1]。人工湿地是一种环境治理与生态修复技术手段,通常与生态缓冲带、水生态修复、生态浮岛、曝气充氧等共同作为控制面源污染的实用技术[2]。当水缓慢流过湿地,湿地植物捕获营养物和有毒有害污染物,促进地下水回灌,缓解洪涝,减少侵蚀,增强水资源的可用性,成为各类生物有吸引力的生境,有重要的经济和景观价值[3]。随着人工湿地广泛应用,对湿地的认识从保护湿地到湿地保护,催生了对湿地社会价值的认知[4]。湿地修复成为人类应对全球变化挑战的"基于自然的解决方案"[5],通过模拟自然湿地的水文过程和生物多样性的人工湿地修复技术,成为流域水生态整体修复关键技术[6]。

湿地是面源污染的主要控制措施。针对污染来源分散、水量大、浓度低、径流过程不确定性和随机性、产汇流空间异质性的面源污染[7],提出了异位人工湿地河道修复技术和河道人工湿地治理技术。异位人工湿地河道修复技术是指将受污染的河水从河道转移到邻近地点(现有河滩地、洼地、沟渠或者废弃坑塘等),采用人工湿地技术对其中的污染物进行治理的方法[8]。河道人工湿地治理技术是在河道中建设堤坝,将河水拦截提升至旁路人工湿地处理净化后再回归河道[9]。

湿地体系是流域水环境改善的重要基础设施。吴芝瑛等通过对比长桥溪流域在引入人工湿地前后流域的生态环境状态发现,引入湿地后流域内入湖水质得到了明显改善,流域生物多样性得到提高,生态系统更加稳定[10]。例如,以洱海流域北部的北三江流域为研究对象,为保护北三江及下游的洱海水质,在环湖湖滨、北三江沿岸和村镇周围分批、分阶段修复建设了许多人工湿地,包括沟渠湿地系统和多塘湿地系统,研究表明不同类型湿地的水质净化服务存在较大差异。多塘湿地对 TN 的去除是呈显著正相关($p \leq 0.05$),对 TP 的去除是呈正相关;生态沟渠对 TP、TN 去除都是负相关,体现出两种湿地类型的水质净化服务的巨大差异,这说明湿地景观面积、形态、结构等不同会使水质净化服务产生差异[11],湿地体系是解决流域水环境问题的技术措施。邬建国与范晓云等的研究表明,单一的湿地远远不及湿地体系对城市环境所发挥的作用,城市湿地体系的构建可使城市湿地在城市发展建设中更大限度地发挥生态、社会及经济作用[12,13]。

基于湿地独特的水生态功能,本章以南京市浦口区高旺河小流域为案例,利用人工湿地作为功能单元，面向流域水环境，选址规划流域湿地，构建流域湿地体系，实现流域水环境综合改善。

3.1　高旺河小流域湿地综合治理背景

贯彻落实国务院《水污染防治行动计划》、江苏省政府《省生态河湖行动计划（2017—2020年）》和南京市政府《南京市水环境提升行动计划（2018—2020年）》，南京市浦口区统筹推进全区消除劣Ⅴ类水体及入江支流达标整治工作，高旺河被纳入市级生态补偿的入江支流。依据《浦口区消除劣Ⅴ类水体及入江支流达标整治行动实施方案》，对区境内纳入市级生态补偿的入江支流，按照"聚焦当前、应急施策，远近结合、系统布局，统筹组织、联动支撑，标本兼治、长效管理"的总体工作原则，在查、治、修、管等关键环节下功夫、做到位，确保高旺河于2019年底前断面水质达标。

3.1.1　高旺河小流域水环境污染现状

高旺河位于浦口区蒲江街道，浦口区位于南京市西北部，介于东经118°21′~118°46′，北纬30°51′~32°15′，面积913.75km²，与南京市鼓楼区、建邺区、雨花台区、江宁区隔江相望，北部、西部分别与安徽省来安县、滁州市、全椒县、和县毗邻。浦口区是长三角地区向内陆腹地辐射的西桥头堡，是南京沿江开发、两岸联动发展中的江北中心区域，是南京跨江联动发展和滁州东向发展、南京都市圈合作的前沿阵地。

高旺河为南京市浦口区境内的重要通江支流，流域面积68.5km²，其中山丘区42.1km²，圩区26.4km²；流域发源于长江北岸浦口区老山南麓的天井山和西华山，流域北部基本为山丘区，山丘区的4条主要支流于山圩分界处的高旺桥汇合后成为高旺河主河道，高旺河水体综合整治河段为高旺老桥至入江口，位于江浦街道，全长6.3km，河底高程4.2~5.8m，上口宽80~110m，河底宽10~14m；汇水总面积约70km²。干流南岸防洪标准为50年一遇，北岸为100年一遇。高旺河口处洪水位为10.94m。河口建有滚水坝一座，坝顶高程6.95m，坝总长82.0m。汇水总面积约70km²，丰水期流量300.6m³/s，枯水期流量10m³/s。

2018年，政府开始对高旺河污水进行了截污，河道清淤，实施护坡工程。高旺河水主要来源是雨水径流和生活污水排水，雨水在地面径流形成过程中，冲刷带入大量的污染物，其污染程度大于生活污水。以行洪为目标的河道，雨水径流在河道内停留时间短，河道成为季节性河道，旱季干枯无水，雨季泄洪。旱季死水位以下的水缺少自净能力，腐化发臭，内河丧失了环境功能，严重影响了周边居民正常的生产和生活。

3.1.2　高旺河流域排水现状

高旺河接收来自三条支流汇水。流域内城市雨水径流和排水管网的排水，经沿线的 3 个河道排口（支流）、6 个泵站排口（相连河道）、2 个涵闸（明渠）排入高旺河，直接影响高旺河水质。高旺河水质较差，存在不同程度的工农业及生活污水污染。根据 2017 年 1 月至 2018 年 9 月水质监测数据，显示高旺河水质处于 V 到劣 V 类水之间。

对高旺河排水口调查，调查结果如表 3.1 所示。

表 3.1　高旺河排口调查表

序号	排口名称	类型	所属街道（村）	入河方式（暗管、明渠、泵站等）	排放方式
1	高旺河东支	河道排口	江浦街道	河道	连续
2	高旺河中支	河道排口	江浦街道	河道	连续
3	高旺河西支	河道排口	江浦街道	河道	连续
4	张村泵站	泵站排口	江浦街道	泵站	季节性
5	解放泵站	泵站排口	江浦街道	泵站	季节性
6	西江泵站	泵站排口	江浦街道	泵站	季节性
7	红旗泵站	泵站排口	桥林街道	泵站	季节性
8	小西江泵站	泵站排口	桥林街道	泵站	季节性
9	知青泵站	泵站排口	桥林街道	泵站	季节性
10	龙塘涵	灌溉排口	江浦街道	明渠	季节性
11	解放涵	灌溉排口	江浦街道	明渠	季节性

高旺河支流为：西支长 5.11km，河口宽 15 ~ 40m；中支长 5.46km，河口宽 25 ~ 60m；东支（观桥河）长约 1km，河口宽约 20m，高旺河各支流情况如表 3.2 所示。

表 3.2　高旺河现状支流

序号	支河名称	起止点	长度（km）	河道宽度（m）	汇水面积（km²）
1	高旺河东支	宁淮高速—高旺河桥	1	20	
2	高旺河中支	陈塘水库—高旺河桥	5.46	25 ~ 60	48.1
3	高旺河西支	大黄水库—高旺河桥	5.11	15 ~ 40	

3.1.3　高旺河流域污染源分布现状及水质污染分析

影响干流水质的主要污染源为高旺河干流上的鱼塘、沿干流停泊的船只和滚水坝，如图 3.1、图 3.2 所示。

图 3.1　现状高旺河干流鱼塘

图 3.2　高旺河现状滚水坝

鱼塘与滚水坝位置如图 3.3 所示。

1. 高旺河水质监测点位置

为了获取高旺河的水质变化情况，沿高旺河布设了水质监测点位，水质监测点位置如图 3.4 所示。

图 3.3　高旺河鱼塘与滚水坝位置

图 3.4　高旺河水质监测断面位置

2. 高旺河流域污染源分布情况

高旺河上游流域范围内有居民约 3345 户、畜禽养殖 9 家、镀锌厂 2 家和饭店 1 家。西江口地区有居民约 603 户、畜禽养殖 7 家。

3. 高旺河水质监测数据

2016年1月～2018年12月，连续三年的解放涵断面监测水质数据如表3.3所示。河道水质较差，为 V ～劣 V 类，其中总磷污染最严重，超标0.74～1.95倍；其次为有机物污染，超标0.48～1.52倍，且污染持续增强。2018年氨氮污染超标4.25倍。

表3.3　高旺河断面监测水质数据

时间	河流	断面	水质	超标项目
2016.01～2016.12	高旺河	解放涵	V	氨氮（0.47倍，Ⅳ类）；高锰酸盐指数（0.08倍，Ⅳ类）；化学需氧量（0.1倍，Ⅳ类）；生化需氧量（0.48倍，Ⅳ类）；总磷（0.74倍，V类）
2017.01～2017.12	高旺河	解放涵	V	高锰酸盐指数（0.13倍，Ⅳ类）；化学需氧量（0.28倍，Ⅳ类）；生化需氧量（0.2倍，Ⅳ类）；总磷（0.55倍，V类）
2018.01～2018.12	高旺河	解放涵	V	高锰酸盐指数（0.12倍，Ⅳ类）；化学需氧量（0.35倍，Ⅳ类）；生化需氧量（1.52倍，V类）；氨氮（4.25倍，劣V类）；总磷（1.95倍，劣V类）

4. 高旺河水质污染分析

高旺河流域兼有山丘和平原河网特征，处于城乡结合地带，区域干流和支流污水管网不完善，高旺河支流沿线村庄和企业污水直排进入河道；未经处理雨水直排入河，河道堆积垃圾，致使支流水质较差，如图3.5所示，干流河道内设养鱼塘等原因导致干流不能达到水质管理目标。

图3.5　沿高旺河支流的村庄

5. 高旺河东支流（观桥河）水质监测数据和污染源

东支流水质最差，为劣V类，东支流上游有两条支流，沿线污染源主要为村庄污水和饭店、镀锌厂污水排放（雨天随径流排放），如表3.4和图3.6~图3.8所示。

表 3.4　东支流水质监测数据（日期：2018.09.03）

水质名称	氨氮（mg/L）	总氮（mg/L）	总磷（mg/L）	COD（mg/L）	pH	溶解氧（mg/L）
高旺河东支流	11.3	17.9	3.01	39	7.76	0.70
地表水Ⅲ类	1	1	0.2	20	6~9	5
地表水Ⅳ类	1.5	1.5	0.3	30	6~9	3
地表水Ⅴ类	2	2	0.4	40	6~9	2

图 3.6　东支流入高旺河处

图 3.7　镀锌厂一

图 3.8 镀锌厂二

6. 高旺河中支流水质监测数据和污染来源

中支流水质为劣 V 类，沿线污染源主要为村庄污水、沿河垃圾。上游安置房小区（高旺新寓）污水经一体化处理后排入中支流，如表 3.5 和图 3.9 ~ 图 3.11 所示。

表 3.5 中支流水质监测数据（日期：2018.09.03）

水体名称	氨氮 (mg/L)	总氮 (mg/L)	总磷 (mg/L)	COD (mg/L)	pH	溶解氧 (mg/L)
高旺河中支	0.988	3.00	0.750	23	8.68	0.21
地表水Ⅲ类	1	1	0.2	20	6 ~ 9	5
地表水Ⅳ类	1.5	1.5	0.3	30	6 ~ 9	3
地表水Ⅴ类	2	2	0.4	40	6 ~ 9	2

图 3.9 中支流沿河垃圾堆放

图 3.10　现状村庄污水直排河道

图 3.11　中支流入高旺河河口处

7. 高旺河西支流水质监测数据与污染来源

西支流水质相对较好，已检测的指标均能达到Ⅲ类标准，沿线污水主要来源为少部分村庄生活污水，如表 3.6 和图 3.12 所示。

表 3.6　西支流水质监测数据（日期：2018.09.03）

水体名称	氨氮 （mg/L）	总氮 （mg/L）	总磷 （mg/L）	COD （mg/L）	pH	溶解氧 （mg/L）
高旺河西支	0.286	0.720	0.151	12	7.56	1.65
地表水Ⅲ类	1	1	0.2	20	6~9	5
地表水Ⅳ类	1.5	1.5	0.3	30	6~9	3
地表水Ⅴ类	2	2	0.4	40	6~9	2

8. 高旺河沿线雨水排放情况

高旺河沿线有雨水泵站 6 座、涵洞 2 座，沿线泵站的位置和规模如表 3.7 所示，涵洞的位置与断面尺寸如表 3.8 所示。

图 3.12　西支汇入高旺河

表 3.7　泵站位置与规模

序号	泵站名称	位置	规模（m^3/s）
1	张村泵站	张村河入高旺河河口	1.65
2	解放泵站	芝麻河入高旺河河口	14
3	西江泵站	西江河入高旺河河口	2.2
4	红旗泵站	丰子河入高旺河河口	1.65
5	小西江泵站	金盘河入高旺河河口	9.6
6	知青泵站	入江口上游 1.2km	1.65

表 3.8　涵洞高程与断面尺寸

序号	名称	高程（m）	断面尺寸（m）
1	解放涵	4.5	1.5×1.2
2	龙塘涵	5.5	1.2×1.0

9. 高旺河流域污水处理厂与排水管网

高旺河流域建有华水污水处理厂，设计规模为 2.5 万 m^3/d，尾水出水水质满足一级 A 标准，经生态塘处理后排放（环评要求达到 IV 类）。污水处理厂进水主干管为沿浦乌路、新星大道铺设的 d800～1800 污水管。珠江污水处理厂规模为 8 万 m^3/d，尾水出水水质满足一级 A 标准。进水主干管为经象贤路、虎桥东路、芝麻河路、五桥连接线 d600～1500 污水主管，收纳流域范围内污水。

项目环评批复规定，处理后污水要达到《城镇污水处理厂污染物排放》（GB 18918—2002）一级 A 标准，部分尾水直接回用，其余部分尾水排入生态塘进行深度处理，出水达《地表水环境质量标准》（GB 3838—2002）中 IV 类水质标准后排入高旺河。如图 3.13 为华水污水处理厂尾水生态塘。

图 3.13　华水污水处理厂尾水生态塘

3.1.4　高旺河流域水生态现状

受城市环境建设带来的面源污染与污水溢流等影响，高旺河流水生态环境受到破坏，劣Ⅴ类水质河流占比高。近年，虽然开展了一系列河流生态治理工作，取得了一定的效果，但总体的河流治理水平仍然滞后于城市发展需求，河流水生态问题依然突出，主要包括：

①河流普遍较短，水流湍急，雨季直接入长江，环境承载力较低。地下水资源的使用主要取决于蓄水工程。随着上游用水量的增加，下游河道生态流量无法满足生态水量要求，尤其是在旱季，导致河流生境受到破坏，水体生态保护困难。

②河道是区域降雨的强排区，河道成为区域排水的明渠，水流不畅，水动力条件不理想，导致污染物积累和扩散，自净能力降低。

③高旺河流域受到人类活动的严重干扰。在防洪工程的早期建设过程中，河道硬质化，沟渠三面见光，导致河道渗透、蓄水和清洁能力降低，阻断了水体的自然净化，进而造成河道水生态环境恶化，生态多样性丧失。

④强排区雨污分流不彻底，排水系统侵占雨水行泄、滞蓄空间，雨季雨污混流严重。

3.2　高旺河流域排水规划

高旺河规划总长度约 14.35km，河口宽 15～110m，流域汇水区总面积约 70km²。自排区约 41.8km²，机排区约 28.1km²。高旺河桥河道水位为 11.29m，河口为 10.94m。流域内规划雨水泄洪河道 8 条，总长约 23.31km，如表 3.9 所示。

表 3.9　高旺河流域排水规划

序号	河道	起止点	河道长度 （m）	汇水面积 （ha）	规划流量 （m³/s）	规划河口宽度 （m）
1	高旺河	高旺河桥—长江	6300	69.9	300.6	80 ~ 110
		大黄水库—高旺河桥（西支）	5112	29.47	124.7	15 ~ 40
		原陈塘下游绿地—高旺河桥（中支）	2617	4.79	36	25 ~ 60
		宁淮高速—高旺河桥（东支）	1445	7.2	67.7	32 ~ 35
2	云杉河	龙港路—阑珊河（支）	1273	2.03	22.9	20
3	凌霄河	龙港路—阑珊河（支）	1354	1.81	20.4	20
4	阑珊河 （包括支河）	龙港路—高旺河西支	4885	6.12	69	20 ~ 25
	小计		22986			

高旺河沿线规划雨水泵站 5 座。保留泵站 1 座，扩建泵站 4 座，废除泵站 1 座（知青泵站），规划后的泵站情况详见表 3.10。

表 3.10　高旺河雨水泵站规划

序号	泵站名称	位置	排入水体	现状规模 （m³/s）	规划规模 （m³/s）	备注
1	张村泵站	张村河入高旺河河口	高旺河	1.65	18	扩建
2	解放泵站	芝麻河入高旺河河口	高旺河	14	14	保留
3	西江泵站	西江河入高旺河河口	高旺河	2.2	32	扩建
4	小西江泵站	金盘河入高旺河河口	高旺河	9.6	15	扩建
5	红旗泵站	马乐河入高旺河河口	高旺河	1.65	20	扩建

3.3　高旺河流域水环境治理目标

衡量河流健康的指标包括两类，一类是生态指标，以河流湿地的生态功能进行表征，美国陆军工程师团制定的《河流地貌指数方法》对河流生态系统进行功能价值评估，将河流湿地分为 4 大类 15 种功能，包括动物栖息地（4 种功能）、水文水质（5 种功能）、生物地理化学（4 种功能）以及植物栖息地（2 种功能）。另一类是理化指标，美国格雷贡水质指数指标（Gregon Water Quality Index，GWQI）综合了 8 项水质参数，包括温度、溶解氧、pH、氨态氮+硝态氮、总磷、总悬浮物、生化需氧量、大肠杆菌，通过这些参数揭示影响水质的关键指标。

根据《浦口区消除劣Ⅴ类水体及入江支流达标整治行动任务表》文件要求，参考河流健康的评价指标，高旺河水体整治目标为 2019 年底断面水质达到Ⅲ类。

治理目标是提升河道水质和感官效果，降低水体 N、P 浓度，通过雨水径流与河道水处理（曝气富氧、生态修复、景观提升）等措施逐步构建稳定的河道生态系统，逐步恢复河道的自净及修复能力。通过系统性技术措施提升河道水环境质量，使水体的感官、生态景观均得到大幅度改善，具体要求如下：

①感官指标：消灭水体的黑臭现象，水体无蓝绿藻暴发、水面无青苔和黑苔漂浮、水体无异味，感观良好，具有良好的透明度。

②生态指标：水生植物空间布局合理，季节更替明显，生态系统稳定，有一定抵御外界干扰能力。

③水质指标：河道水质全年 70% 的时间可达到地表水Ⅲ类水质标准，能长期保持稳定。

高旺河（老桥至入江口）水质总体达到Ⅲ类。2019 年底考核断面达到Ⅲ类水体，2020 年考核断面稳定达到Ⅲ类水体，具体验收指标见表 3.11。

表 3.11 高旺河验收水质标准

水体标准	氨氮 （mg/L）	总氮 （mg/L）	总磷 （mg/L）	COD （mg/L）	pH	溶解氧 （mg/L）
地表水Ⅲ类	1	1	0.2	20	6~9	5

3.4 高旺河流域水污染控制技术方案

流域是一个相对封闭、边界清晰的集水区，随时与外界保持物质、能量与信息交换[14]。流域生态系统属于复合型生态系统[15,16]。流域的生态循环主要通过水、光、热、碳氮等循环过程得以维持，其中水是流域生态系统健康和可持续发展的重要因素[17]。流域的水文循环过程包括陆生与水生两方面[18,19]。陆生与水生生态系统镶嵌交错使流域成为一个整体性强、空间异质性高的生态单元[20,21]。影响高旺河流域生态水文过程的主要因素包括气候条件、入河水量水质状况、植被和水利工程措施等[22]。

小流域是一个相对的概念，目前尚无统一的划分标准。在美国是指面积小于 $1000km^2$ 的流域，欧洲和日本则将其面积界定为 $50 \sim 100km^2$ [21]。小流域具有独立生态系统功能和性质。与大型流域生态水文循环不同，小流域受大型工程措施、水库、人文地貌改变等因素的干扰不多，尤其是在支流没有大型水利设施的小流域。小流域内的植被可通过水文循环特征，模拟植被季节性生长、流域蒸散发量、流域地表干湿状况及植被需水量的变化，建立两者间的耦合响应关系[23]，对小流域植被水文过程进行调控，可以实现流域的水生态过程修复。美国学者Tilley 研究了小流域内湿地体系的空间结构后提出，散布在集水区源头的湿地，可以起到保障水质、减少洪涝灾害的作用；存在于集水区水系与次小流域主水系交汇处的湿地，有利于控制雨水径流污染、滞蓄峰值流量等；分布在次小流域水系与小流域主水系交汇处的湿地，则可用于预防极端状况下的洪水灾害和为野生动植物提供栖息地[24]。湿地体系作为雨洪资源生态调蓄的重要技术设施，也是构建小流域水生态体系的核心单元[25]。

德国鲁尔河流域是国际著名的河流流域综合治理典范。为了将鲁尔河治理成全鲁尔区的重要水源，在鲁尔河流域中游建造了 14 座大中小型水库，总库容达 4.7 亿 m^3，流域内建造和运行着 97 座城市污水处理厂和 549 座雨水径流处理厂，主要由雨水沉淀池、雨水净化塘与地表径流湿地等组成[26]。通过上述综合治理，鲁尔河水质达到德国地表水 1 和 2 级标准。

英国 Severn-Trent 水务公司的服务区域内，大都为小城镇和村镇，由于人工湿地建造和运行简单，处理效果好，不仅能去除 COD、BOD_5 等有机物，而且能脱氮、除磷和去除重金属等，因此 Severn-Trent 水务公司在 20 世纪 80 ~ 90 年代迅速推广应用了人工湿地处理小城镇污水和雨水。在处理生活污水时，它与生物处理技术联用为二级处理，人工湿地做三级处理；雨季合流制和分流制污水及雨水采用的处理流程如图 3.14 所示。

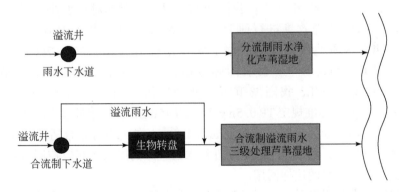

图 3.14　人工湿地与污水处理厂联合处理溢流和雨水径流的技术方案

高旺河流域是典型的小流域，流域面积 68.5km^2，其中山丘区流域面积 42.1km^2，圩区 26.4km^2；高旺河支流少，排水口统一在上游入高旺河，雨水泵、排水泵站多（5 个），雨水涵口两个，集中在高旺河下游。排水系统与我国其他城市一样，采用了分流制雨污排放系统，分流制排放系统普遍存在错误的理解和做法：只建造污水收集、输送、处理与排放系统，雨水只建造收集与排放系统，没有雨水径流处理厂。高旺河流域位于城乡接合部，管网收集系统还没有实现完全的分流，部分管网还存在错接和混排的问题，污水进入雨水管，强排排入河道，引起河道水质污染。

结合上述技术，流域水污染控制技术方案包括：流域生活污水的收集处理、流域雨水径流的收集与处理和河道内的水环境质量的修复与水质改善。河道内的水环境修复是通过一些工程措施改善河流水质，主要分为物理修复、化学修复、生态修复方法三种[27,28]。在高旺河流域拟采用的关键措施为：雨水口、污水口（涵洞）截污；对入河的 3 个支流采用人工湿地技术，对进入河段前的河道的城市排水进行充分净化，保证进入高旺河的水质达到Ⅳ类甚至优于Ⅳ类；构建高旺河干流生态系统，实现长效修复深度净化水质。

3.4.1　高旺河流域水污染治理技术分析

人工湿地是模拟天然湿地的植物、微生物和基质等构成的一种生态系统，其遵循生态系统中物质循环再生原理、物种共生原理的基础上除去进污染物质的良性循环，充分利用资源的生产潜力避免其带来环境的再污染，从而获得污水处理与资源化的最佳效益[29]。人工湿地现已被广泛应用于暴雨径流污染控制、工业污染的处理和城市雨水调蓄等方面，具有投资低、出水水质好等优点，是作为削减二级出水中氮磷污染物的有效工艺之一[30-34]。意大利 2001 年应用于污水处理厂二级处理尾水净化作用的湿地有 16 个，北美使用人工湿地作为三级处理的污水处理系统大约有 300 多个[35]。我国张丽等以人工湿地对污水处理厂二级处理的尾水进行深度处理效果进行研究，研究结果表明进水 COD 60mg/L、氨氮 20mg/L，出水水质达到我国地表水 Ⅱ 类水质标准（GB 3838—2002）的 COD 10mg/L、氨氮 0.5mg/L[36]。目前国际普遍使用的水体富营养化临界值为 TP 0.2mg/L、TN 0.2mg/L，我国城镇污水处理厂污染物排放标准（GB 18918—2002）中的一级 A 标准规定 TP 0.5mg/L、TN 15mg/L，污水处理厂二级处理的达标排放尾水依旧会导致自然水体的富营养化[37]。在次小流域合适的人工湿地附近建设污水处理厂，利用人工湿地处理污水处理厂的尾水将有效控制自然水体的富营养化，实现污水的达标回用。

构建河道旁路湿地系统，引导雨季洪水进入湿地，旱季利用湿地调蓄余量对河道进行补水。沿河道规划湿地的规模，由调蓄水量和水质确定，依据荷兰的经验，1km 的河道两侧要布置 5 个面积不小于 500m² 的池塘；用于连接湿地的河道最小宽度不小于 10～15m，河道间距不超过 100m[38]；河道旁路湿地体系对河道流域的雨洪资源进行分散化就地收集、就地利用，就地实现生态功能，提升防洪安全水平，改善空间生态环境质量，梳理河道周围的用地情况和地势条件，确定具备建设湿地空间，形成全域河道旁路湿地体系。

污水处理厂排放的水资源既可以作为其配套人工湿地的景观用水，也可以通过湿地处理后进入城市段干枯河道对河道水资源进行补充。对河道水资源的补充可以缓解因城市上游过度取水而导致的城市段河道干枯、断流的状况，有利于对整个小流域的生态需水进行补充，促进整个小流域水资源的生态循环和可持续利用。

1. 水质保障技术——河道浮岛人工湿地技术

河道人工湿地是指在河道内建设人工强化湿地区域，利用"基质–水生植物–微生物–底栖动物"复合湿地生态系统，通过物理、化学和生物等多重协同作用，利用过滤、吸附、共沉、离子交换、化学降解、植物吸收和微生物分解、底栖动物代谢作用等来实现强化水体自净能力，营养物质和水分的生物地球化学循环，在促进植物生长的同时，恢复受损河流生态系统结构与功能[39]，促进河流水环境改善。

河道浮岛人工湿地技术——模块化湿地。模块化湿地由模块单元构成，每组模块由框架结构和基质材料组成，框架用于固定基质材料，维持其相对稳定，结构图和效果图如图 3.15 所示。基质材料能够维持湿地植物生长，提供丰富的比表面积，利于微生物尤其是硝化细菌附着生长。常用的基质材料有沸石、蛭石、陶粒、稻草及人工改性材料等[40,41]。天然材料基质模块化固定设计能防止雨水冲刷导致基质流失。模块的数量可以根据条件和需求自由组合，串联、并联等多种组合形式；模块距水面的距离也可以调整，根据需求可以形成表面流湿地、潜水型湿地；为了提高湿地的净化效果，选择种植不同的挺水植物，在湿地基质上包埋优势菌种以激活水体自由土著菌种，提高净化效能。

图 3.15 模块化湿地示意图

2. 河堤内置双向流人工湿地技术

河堤内置双向流人工湿地如图 3.16 所示，湿地建于河堤上，利用河堤空间的可扩展性为水体净化设施提供安装空间。湿地下部为曝气生物滤池,安装载体填料和曝气装置,充分利用曝气产生的溶解氧,强化湿地植物根区氧浓度,出水流经湿地基质和植物根系,利用湿地基质、湿地植物和湿地微生物深度净化,进一步去除污染物。河堤内置双向流人工湿地,底部内置曝气设备,有利于曝气设备的管理与维护。内置生物载体填料,富集硝化细菌,提高微生物数量和活性,提高脱氮效能,内置填料能防止生物载体填料在河道内布置影响景观和出现垃圾缠绕的问题。

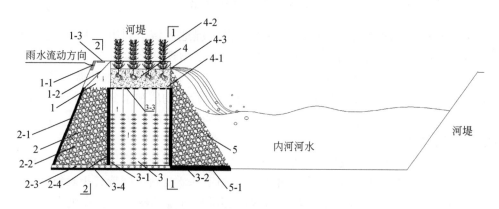

图 3.16　河道内置双向流人工湿地

3.4.2　人工湿地实施的条件与技术

1. 干流人工湿地技术实施空间条件与技术

高旺河三条支流交汇处,生活污水较严重,无工程条件。交汇后,河宽 30～40m,两岸有护堤,河道内具有设置人工湿地的条件,如图 3.17 和图 3.18 所示。西江泵站附近有可利用现状鱼塘,最长处达 891m,最宽处达 161m,汇水面积约为 80476m²。

图 3.17　三条支流交汇处河道现状

图 3.18 西江泵站附近河道内现状鱼塘

干流河道人工湿地修复技术：高旺河干流水面宽阔，水质良好，河流中段有养鱼池一个，选择养鱼池区域作为浮岛人工湿地实施区域。高旺河监测断面执行Ⅲ类水质，在河道内左侧位置建设 800m 长、100m 宽，形成面积为 8 万 m^2 的水平流多级浮岛人工湿地系统。

关键设计参数：植物覆盖率是生态浮岛设计中的主要控制参数之一，随着植物覆盖率在一定范围内的增加，污染物的去除率将得到提高。植物覆盖率起到遮光的作用，可以在一定程度上降低光照强度，抑制浮游植物的生长。国际生态浮岛公司提供的植物覆盖率推荐为 5%~8%[42]，参考国内有关研究成果，该工程设计参数为 20%。

基质材料：选择成本低、弹性好、吸水性强、易于固定、不易腐烂的材料，选择陶粒和聚乙烯填料。框架结构材料主要有聚氯乙烯、UPVC 管、发泡管、塑料网、聚丙烯球等浮体框架，具有稳定性高、耐久性好、抗冲击载荷性强的优点[43]。选择具有水质净化功能和观赏性的美人蕉、鸢尾、芦竹混合种植[44]。

水动力参数：流速、流量、水力停留时间、水体扰动等因素对水体中的碳、氮、磷等物质去除有显著影响[45,46]，该项目在河道下游设计毛石滤坝，控制湿地流速为 10m/h。在生态浮岛湿地中引入曝气装置，提高水中的 DO 浓度，增强氨氮的碳氧化硝化过程，促进 PO_4^{3-}–P 的去除和 NH_4^+–N 的转化，增加了好氧细菌的丰度和活性，提高了净化效率[47]，在系统最后两级湿地中布设曝气装置 7 台。

2. 高旺河西支流人工湿地实施的空间条件与技术方案

西支流长 5.11km，宽 15~40m，流经村庄不多，主要集中在河口位置。西支流以地表径流和生活污水为主，水质相对较好，已检测的指标均能达到地表水

Ⅲ类标准。利用左岸现状水塘建设旁路生态塘湿地河水净化工程,建设面积4000m²,净化上游未经处理的直排的生活污水和地表径流。通常采用氧化塘作为前置调蓄设施进行雨量调蓄和溢流同时兼初期沉淀,该项目设置调蓄塘和表流湿地面积为4000m²,调蓄塘水力停留时间 HRT=16h[48]。

依据《浦口区总体规划》,浦口区多年平均降雨量为1102.2mm,丰水年高达1778.3mm(1991年),枯水年仅有465mm(1978年),汛期(5~9月)平均降雨量为712.1mm,汛期最大降雨量1324.5mm(1991年),最小降雨量248.8mm(1978年),最大日降雨量301.9mm(2003年7月5日)。本地多年平均径流量约2.62亿m³。高旺河流域面积133.3km²,综合径流系数为0.7。

$$Q(平均降雨量)=S×h(年均降雨量)=70×10^6×1.102=0.7714 亿 m^3/a$$
$$Q(24 小时最大降雨量)=S×h(24 小时最大降雨量)=70×10^6×0.302=211.4 万 m^3/d$$

式中,S 为高旺河的流域汇水面积,h 为降雨量。

浦口区的平均径流量=0.7714 亿 m³/a×0.7=0.54 亿 m³/a

浦口区的最大降雨径流量=426 万 m³/d×0.7=147.98 万 m³/d

初期雨水是指在降雨初期,经雨水冲刷后在不同区域形成的径流,冲击性较强,径流中污染物的浓度显著高于降雨后期,直接排放水体会造成受纳水体水环境质量下降,故有效处理初期雨水能控制雨水径流污染,防治雨水径流造成面源污染[49]。行业对于初期雨水的定义在工程上通常基于两种方式:按降雨历时和降雨径流累积深度[50]。本书采用确定初期雨水为降雨前10min 的降雨径流量,该降雨量为进入调蓄塘的流量:102.7m³,按照停留时间为16h 计算,调蓄塘的容积为 1643.7m³。有效水深为 5m,调蓄塘面积为 328.7m²,湿地面积为3671.2m²。

利用右岸空地,建设表面流人工湿地一处,长 60m、宽 50m,占地面积3000m²,净化地表径流,平均深度为 0.5m,表面水力负荷为 0.05m³/(m²·d),表面有机负荷为2.7g/(m²·d)。该项目构建多级表流湿地,表流湿地内组合搭配挺水植物带、基底修复和人工水草等水质净化措施,主要设计参数选取的依据如表3.12 所示。

表3.12 处理雨水径流的表面流人工湿地湿地的设计参数[51]

水力负荷率(HLR)(m/d)	0.03~0.05
最大水深(cm)	50
水力停留时间(HRT)(d)	5~7
长宽比	2:1
构造形式	多床并联
底层垫层尺寸(mm)	8~16

续表

BOD$_5$负荷［kg/（hm^2·d）］	100~110
SS 负荷［kg/（hm^2·d）］	最高 175
TN 负荷［kg/（hm^2·d）］	7.5
TP 负荷［kg/（hm^2·d）］	0.12~1.5

3. 高旺河中支流人工湿地实施的空间条件

中支流长 5.46km，沿线污染源主要为村庄污水，沿河垃圾较多。上游安置房小区（高旺）污水经一体化处理后排入中支流。近河口地区，人口密度大，餐饮店数量众多，生活污水负荷高，未经处理直接排入河道，中支流河道污染严重，水质为劣 V 类；采取的技术措施为：对生活污水、餐饮废水截污后，经一体化污水处理装置处理达标排放进入双向流人工湿地；在近河口的位置，河道左侧位置建设双向流人工湿地，占地为长 100m、宽 16m，湿地的作用是进一步提高排水水质，达到地表水环境质量标准。按照 1 万 m^3/d 规模设计深度处理双向流人工湿地，设计主要参数如表 3.13 所示。

表 3.13　双向流人工湿地设计参数

序号	项目	设计参数
1	工艺面积（m^2）	900
2	有效水深（m）	5.5
3	水力停留时间（h）	12
4	水力负荷［m^3/（m^2·d）］	0.2
5	TN 负荷［g/（m^2·d）］	0.1

4. 高旺河东支流人工湿地实施的空间条件

东支流水质最差，为劣 V 类，东支流上游有两支流，沿线污染源主要为村庄污水、饭店、镀锌厂污水排放。工程技术措施为：截污控源，对生活污水、餐厅废水和工业废水进行截污后，集中处理，达一级 A 标准后，排入人工湿地进行深度净化，在河道左侧位置，占地面积长 100m、宽 10m，采用双向流人工湿地，1万 m^3/d 规模设计深度处理双向流人工湿地，设计主要参数如表 3.13 所示，提高河道水质保障率。

3.4.3　干流雨水泵站排水人工湿地水质保障技术

高旺河原建有雨水泵站 6 个（拆除 1 个），规划建设 5 座雨水泵站。张村河、芝麻河、西江河、丰字河、金盘河河道雨水进入高旺河，为了保障河道水质，规划建设初期雨水处理设施双向流人工湿地 5 座，有效水深 5.5m，初期雨水经过双向流人工湿地净化后排入河道。按照初期雨水是降雨前 10min 的降雨径流量核算人工湿地处理水量，如表 3.14 所示，双向流人工湿地的水力停留时间确定为 6h。

表 3.14　规划双向流人工湿地规模

序号	泵站名称	位置	排入水体	规划规模（m³/s）	湿地规模（m³）
1	张村泵站	张村河入高旺河河口	高旺河	18	10800
2	解放泵站	芝麻河入高旺河河口	高旺河	14	8400
3	西江泵站	西江河入高旺河河口	高旺河	32	19200
4	小西江泵站	金盘河入高旺河河口	高旺河	15	9000
5	红旗泵站	马乐河入高旺河河口	高旺河	20	12000

高旺河流域的地面径流，前 10min 初期雨水，污染严重，COD 浓度较高，经双向流人工湿地处理后进入高旺河，以保障高旺河水环境质量。

3.5　高旺河流域湿地体系的功能

人工构建的湿地体系，可以调蓄峰值流量，削减径流污染，实现湿地生态系统的功能，有效缓解进入长江的水质和水量的扰动，保障流域水生态质量。

高旺河是流域内点源和面源污染物的重要受纳体和汇流通道，是河流下游流域营养物质传输的重要途径。据测算，10 座表流人工湿地和双向流人工湿地系统每年可减少约 44.6t NH_4^+-N 和 5.6t TP 向下游长江输送，改善了长江干流水体质量。

在河流沿线，因地制宜地建设人工湿地体系，采用表面流湿地工艺，形成湖泊景观，在提升水质的同时，提供居民亲水休闲的场所，具有很好的环境效益、生态效益和社会效益。

参 考 文 献

[1] HJ2005—2010，人工湿地污水处理工程技术规范 [S]. 北京：中国环境科学出版

社，2011.

[2] 杨林章，施卫明，薛利红，等．农村面源污染治理的"4R"理论与工程实践：总体思路与"4R"治理技术 [J]．农业环境科学学报，2013，32（1）：1-8.

[3] Costanza R. The value of the world's ecosystem services and natural capital [J]．Nature，1997，387：253-260.

[4] Zedler J B, Kercher S. Wetland resources：status，trends，ecosystem services，and restorability [J]．Annual Review of Environment and Resources，2005，30：39-74.

[5] 彭建，杜悦悦，刘焱序，等．从自然区划、土地变化到景观服务：发展中的中国综合自然地理学 [J]．地理研究，2017，36（10）：1819-1833.

[6] 崔丽娟，雷茵茹，张曼胤，等．小微湿地研究综述：定义、类型及生态系统服务 [J]．生态学报，2021，41（05）：2077-2085.

[7] 葛铭坤．我国面源污染治理理论和措施研究综述 [J]．水利规划与设计，2020（3）：24-28.

[8] 马书占，潘继征，吴晓东，等．旁路多级人工湿地对巢湖流域南淝河水的净化效果 [J]．湖泊科学，2016，28（2）：303-311.

[9] 宋凯宇，吕丰锦，张璇，等．河道旁路人工湿地设计要点分析——以华北地区某河道旁路人工湿地为例 [J]．环境工程技术学报，2021，11（1）：74-81.

[10] 吴芝瑛，陈銎．小流域水污染治理示范工程——杭州长桥溪的生态修复 [J]．湖泊科学，2008，20（1）：33-38.

[11] 张洪森．洱海北三江流域湿地景观格局变化对水质净化服务和区域人类福祉的影响 [D]．昆明：云南师范大学，2024.

[12] 邬建国．景观生态学——概念与理论 [J]．生态学杂志，2000，19（1）：42-52.

[13] Fan X, Cui B, Zhang Z, et al. Research for wetland network used to improve river water quality [J]．Procedia Environmental Sciences，2012，13：2353-2361.

[14] 程国栋，李新．流域科学及其集成研究方法 [J]．中国科学：地球科学，2015，45（06）：811-819.

[15] 张凌格，胡宁科．内陆河流域生态系统服务研究进展 [J]．陕西师范大学学报（自然科学版），2022，50（04）：1-12.

[16] 白军红，张玲，王晨，等．流域生态过程与水环境效应研究进展 [J]．环境科学学报，2022，42（01）：1-9.

[17] 陈能汪，王龙剑，鲁婷．流域生态系统服务研究进展与展望 [J]．生态与农村环境学报，2012，28（02）：113-119.

[18] Schaeffer A，陈忠礼，Ebel M, et al. 植物在修复、固定和重建水生、陆生生态系统中的应用 [J]．重庆师范大学学报（自然科学版），2012，29（03）：1-3.

[19] 曾琳．区域发展对生态系统的影响分析模型及其应用 [D]．北京：清华大学，2015.

[20] 敦越，杨春明，袁旭，等．流域生态系统服务研究进展 [J]．生态经济，2019，35（07）：179-183.

[21] 杨京平，卢剑波．生态恢复工程技术 [M]．北京：化学工业出版社，2002，207-208.

[22] 田义超，白晓永，黄远林，等．基于生态系统服务价值的赤水河流域生态补偿标准核算 [J]．农业机械学报，2019，50（11）：312-322.

[23] 刘铁军．内蒙古荒漠草原小流域生态水文过程研究 [D]．呼和浩特：内蒙古大学，2018.

[24] Tilley D R, Brown M T. Wetland networks for stormwater management in subtropical urban watersheds [J]. Ecological Engineering, 1998, 10 (2)：131-158.

[25] Bedford B L. The need to define hydrologic equivalence at the landscape scale for freshwater wetland mitigation [J]. Ecological Applications, 1996, 6 (1)：57-68.

[26] Ruhrverband. Jahresbericht [M]. Wassermengenwirtschaft, 1995.

[27] Kondratyev S. A system for ecological and economic assessment of the use, preservation and restoration of urban water bodies：St Petersburg as a case study [J]. IAHS- AISA Publication, 2003, 281：327-333.

[28] Whalen P J, Toth L A, Koebel J W, et al. Kissimmee river restoration：a case study [J]. Water Science & Technology, 2002, 45 (11)：55-62.

[29] Hammer D A. Constructed wetlands for wastewater treatment：municipal, industrial, and agricultural [J]. Journal of Environmental Quality, 1989, 19 (04)：481-494.

[30] 杨敦，徐丽花，周琪．潜流式人工湿地在暴雨径流污染控制中应用 [J]．农业环境科学学报，2002，21（04）：334-336.

[31] 敬丹丹，万金泉，马邕文，等．人工湿地净化工业区含菲污染降雨径流的效果研究 [J]．环境科学，2013，34（08）：3095-3101.

[32] 符健．城市公园雨水利用研究 [D]．杭州：浙江农林大学，2013.

[33] Zdragas A, Zalidis G C, Takavakoglou V, et al. The effect of environmental conditions on the ability of a constructed wetland to disinfect municipal wastewaters [J]. Environmental Management, 2002, 29 (04)：510-515.

[34] Woodward R T, Wui Y. The economic value of wetland services：a meta-analysis [J]. 2001, 37 (02)：257-270.

[35] Conte G, M N, Giovannelli L, et al. Constructed wetlands for wastewater treatment in central Italy [J]. Water Science & Technology, 2001, 44 (11)：339-343.

[36] 张丽，朱晓东，邹家庆．人工湿地深度处理城市污水处理厂尾水 [J]．工业水处理，2008（01）：85-87.

[37] 管策，郁达伟，郑祥，等．我国人工湿地在城市污水处理厂尾水脱氮除磷中的研究与应用进展 [J]．农业环境科学学报，2012（12）：2309-2320.

[38] Jongman R H G. Ecological networks, from concept to implementation [M]. Wageningen：Wageningen UR, 2008.

[39] Callow J N. Potential for vegetation based river management in dryland, saline catchments [J]. River Research and Applications, 2012, 28 (8)：1072-1092.

[40] 张择瑞，张学飞，郭婧，等．生态浮床的改进设计及其性能比较研究 [J]．合肥工业大学学报（自然科学版），2018，41（4）：533-538.

[41] Samal K, Kar S, Trivedi S. Ecological floating bed (EFB) for decontamination of polluted water bodies: Design, mechanism and performance [J]. Journal of Environmental Management, 2019, 251: 109550.

[42] Chance L M G, White S A. Aeration and plant coverage influence floating treatment wetland remediation efficacy [J]. Ecological Engineering, 2018, 122: 62-68.

[43] Fang X, Li Q, Yang T, et al. Preparation and characterization of glass foams for artificial floating island from waste glass and Li_2CO_3 [J]. Construction and Building Materials, 2017, 134: 358-363.

[44] 吕家展, 张顺涛, 李葱碧, 等. 生态浮岛种植水生植物水质改善效果评价 [J]. 环境科学与技术, 2017, 40 (S1): 191-195.

[45] 梁培瑜, 王烜, 马芳冰. 水动力条件对水体富营养化的影响 [J]. 湖泊科学, 2013, 25 (04): 455-462.

[46] 苑希民, 张紫畅, 马超, 等. 动水中 MABR-生态浮床组合装置净化效果试验研究 [J]. 水力发电学报, 2020, 39 (06): 62-71.

[47] Chance L M G, White S A. Aeration and plant coverage influence floating treatment wetland remediation efficacy [J]. Ecological Engineering, 2018, 122: 62-68.

[48] Deletic A B, Maksimovic C T. Evaluation of water quality factors in Storm runoff from paved areas [J]. Journal of Environment Engineering, ASCE, 1998, 124 (9): 869-879.

[49] Yang L, Wang Y, Wang Y, et al. Water quality improvement project for initial rainwater pollution and its performance evaluation [J]. Environmental Research, 2023, 237: 116987.

[50] 张琼华, 王晓昌. 初期雨水识别及量化分析研究 [J]. 给水排水, 2016, 52 (S1): 38-42.

[51] Water Environment Federation. Natural systems for wastewater treatment [M]. 2nd ed. Alexandria: Water Environment Federation, 1990.

第4章 营建湿地化的城市公园

城市公园运动始于1857年奥姆斯特德和洛克斯设计的纽约中央公园,是世界上第一个为群众设计的公园[1,2],公园采用开放式草坪、树木植被和曲线型道路相结合,让身处繁华的都市人可以体验最自然的风景[3]。城市公园逐步演进为文化内涵、多重功能及象征意义公共空间,成为具有政治集会、商业购物、娱乐游玩、文化教育、道德教育、公开展览等功能的"多功能环境",集娱乐、教育、商业、文化、社会、政治性活动于一体的城市景观。我国比较有典型意义的是全国309个中山公园,中山公园是中国社会由传统向现代转型在空间上的缩影,是社会走向同质化、统一化的体现[4,5],公园承担了政治和社会功能。

控制水文防洪调蓄的城市公园。中国古代某些园林在规划之初就以理水为目的,如清朝北京颐和园,修建目的是治理玉泉水系,开浚瓮山泊形成昆明湖,改瓮山为万寿山,修建清漪园,疏浚圆明五园的水系,扩建昆明湖是"资灌溉稻田之用",实现了分区蓄水[6]。济南的大明湖是防洪调蓄的城市公园,根据《水经注》记载,城内泉水的排泄渠道有两条,一条沿历水右支,另一条经历水陂出西北郭历水左支。修筑城墙后,城西北角的排泄渠道被阻断,城内泉水宣泄不及,在北半城地势低洼地带积水形成大明湖[7]。宋时称为"西湖",修建了北水门、百花堤、百花桥等公共基础设施,稳定了水位,使大明湖成为供水调蓄和防洪性的湖泊[8]。

强化生态功能复合的公园景观规划。Julia等研究提出在特定的社会生态环境中,多功能景观可有效地保护自然并带来经济效益[9]。落实功能复合化需求,城市公园在传统游憩空间设计的基础上,提出了游憩空间的生态空间策略、游憩空间策略和避难空间策略的"三合一"功能复合策略[10],多功能不是简单叠加,是各个功能间的复杂变化和相互融合[11]。滨水公园一般结合水生态与湿地景观线状分布,沿线形成不同功能的空间节点[12]。伦敦依从下利河谷自然汇水条件,利用湿地植物多样性营造具有雨水自然净化功能的奥运主题公园[13],在多功能复合中强调湿地生态功能,如图4.1所示。

城市公园向具有水生态功能的载体转化。随着城市水生态环境问题日趋严峻,国际上提出了生态化的基础设施,以缓解城市环境问题。生态基础设施被定义为是一种由多样化的生态景观相互连接形成的自然生命支持系统,包括绿色通道、公园及其他保育土地,成为乡土生物栖息地,维护自然生态过程,更新空气与水体,保障社区民众的健康和生活质量[14]。进一步明确将城市绿地系统和生

图4.1 下利河谷岸线湿地与奥林匹克公园

态空间提升为一个统一的规划实体[15]，改变公园规划与生态规划的分离，在公园规划中落实生态要求。2014年10月住房和城乡建设部颁布《海绵城市建设技术指南——低影响开发雨水系统构建》，相关研究提出了绿地可通过增加雨水渗透效率，减少地表径流、降低峰值流量，实现对城市雨洪的调节作用[16]；城市公园湖泊是城市公园绿地中的一种类型，发展建设公园湖泊是消减城市内涝、保护湖泊资源的重要机遇[17]，推动了公园向实现水生态功能的多功能景观单元转化。承担功能不仅是形式，要用具体的指标加以落实，比如公园承担消减城市内涝功能，落实的公园在建设之初或者改造过程中，对所在流域降雨径流具备一定的调蓄能力。

城市公园建设反映了不同历史时期公园对发展阶段的响应。当生态主义成为时代主题，从公园到公园湿地的转变，公园将担负水生态功能，成为生态城市建设的基础单元。北京提出建立50处小微湿地，或者具有小微湿地功能的城市公园似乎暗示着以水生态功能为主要特征的城市公园的演进方向。

4.1 青岛城市公园与城市公园湿地

青岛历史上第一座公园始建于1902年，原名青岛第一公园，位于青岛市市南区太平山西侧，是青岛市内最大的综合性公园。1901年德国胶澳总督府收买太平山、青岛山进行造林，1904年强行收买会前村，迁走渔民306户，辟建为植物种植试验场[18]。"林地育苗试验场"是公园的主要功能。1914年日本侵占青岛后，公园定名为"旭公园"，在公园内广种樱花树，公园成为游人观赏樱花的场所[19]。1922 年中国政府收回青岛后，更名为第一公园，辟设西式庭园、修葺小西湖、开辟西部干路、加强公园观赏游览功能。1929 年更名为"中山公园"。青岛第一座公园的建设目的功能单一，以观赏游览社会功能和政治功能为主。2009 年 9 月 15 日在国际园艺生产者协会第 61 届会员大会上，2014 年世界园艺博览会的承办权正式授予青岛。青岛在李沧的百果山森林公园规划建设历史上的第二座大型城市公园。公园在规划设计之初就引入了湿地，对园区的水质和水量进行调控，形成了具有水生态特质的多功能景观的城市公园。

2014 青岛世界园艺博览会，遵循"绿色、生态、环保、低碳"理念，对展会区内的雨水系统进行优化设计，引入湿地雨水管控技术，将传统的"雨水排放"转变为"雨水生态循环和再利用"，实现区域内雨水的自然生态化综合利用，在满足防洪前提下，最大限度地将世园区内的雨水就地截流、处理和循环利用，利用湿地景观将雨水利用与景观环境有机结合起来，实现雨水生态循环利用，有效调蓄和改善下游城市河道水环境，成为当代城市公园作为生态基础设施的具体实践。

4.1.1　青岛世园会园区环境特征

2014 青岛世界园艺博览会举办地位于李村河上游的百果山森林公园，占地241 公顷，举办周期从 2014 年 4 月至 2014 年 10 月，博览会级别为 A2-B1 类，预计接待客流 1600 万 ~1800 万人次。世园会是青岛新一轮城市空间拓展、城市综合功能提升的重要城市事件，是百年历史再次进行大规模城市公园的规划设计与建造活动。

李村河流域是青岛市中心城区流域面积最大的河流系统和过城河道，发源于崂山石门山麓，自东向西流经青岛世园会园区、青岛市主城区，是市区主要的防洪排涝河道，发挥了生态景观和休闲娱乐的功能。李村河具有季节性、间歇性水文特征，雨季水量充沛，河道水位较高；枯水期水量较少，河道水位低，甚至断流。李村河春季（1~5 月）、冬季（10~12 月）的流量极小，8 月流量最大，约5.94m³/s，其余月份的径流在 0.21 ~0.74m³/s[20]。近年来，李村河流域的高强度开发，非点源污染主要为少量的农业污染和大面积的建成区雨水径流污染。建成区雨水径流污染为主要污染源，污染物初步估算量为氨氮 30.32t/a，总氮46.93t/a，总磷 4.67t/a，远高于点源排放量[21]。世园会建设对李村河上游雨水径流和河道水质将产生重要影响，为减少李村河上游世园会开发对李村河水环境的影响，园区在设计阶段，利用世园会的场地条件，对雨水径流进行调蓄，利用人工湿地技术对雨水径流进行处理，保障了李村河世园会段的水生态环境。

1. 气候气象

青岛市地处北温带季风气候区，受海洋环境的直接调节，和来自洋面上的东南季风及海流、水团的影响，有明显的海洋性气候特征，空气湿润，温度适中，四季分明。据 1898 年以来百余年气象资料查考，市区年平均气温 12.7℃，极端高气温 38.9℃（2002 年 7 月 15 日），极端低气温−16.9℃（1931 年 1 月 10 日）。全年 8 月份最热，平均气温 25.3℃；1 月份最冷，平均气温−0.5℃。日最高气温高于 30℃的日数，年平均为 11.4 天；日最低气温低于−5℃的日数，年平均为 22 天。

青岛市年平均降水量为 680.5mm，春、夏、秋、冬四季雨量分别占全年降水量的 17%、57%、21%、5%。年降水量最多为 1272.7mm（1911 年），最少仅 308.2mm（1981 年），降水的年变率为 62%，降雨量时空分布不均，年平均降雪日数只有 10 天。

2. 水文地质

青岛地区地下水资源有第四系空隙水、基岩地下水、矿泉水及地热水等。年平均浅层地下水资源量为 10.67 亿 m^3。其中，山丘区地下水资源量为 3.77 亿 m^3，平原区为 7.84 亿 m^3，山丘区与平原区地下水之间的重复计算量为 0.94 亿 m^3。地下水可利用量为 5.71 亿 m^3，其中山丘区可利用量为 0.93 亿 m^3。在 10.67 亿 m^3 浅层地下水中，由降水入渗补给量为 9.88 亿 m^3，占 93%。多年平均地下水资源产水模数为 10.3 万 m^3/km^2。园区地下水类型为第四系空隙潜水—弱承压水及基岩裂隙水，场地属Ⅱ类环境类型，地下水对混凝土有弱腐蚀性。

3. 土壤类型

规划区土壤以棕土为主，土质多壤土，含有不同程度碎石。园区天水路以北为山林地形，土壤相对贫瘠，平均厚度 20~30cm，自然状况下坡地土壤厚度 5~15cm。人工耕作的梯田以及苗圃土壤相对肥沃，土壤厚度 40~50cm，局部可达 1m 以上。天水路以南地形相对平坦，人为影响较大，土壤相对肥沃，平均厚度 40~50cm，农田苗圃土壤厚度可达 1m 以上。

4. 高程、坡度与坡向分析

世园会规划区高程由中到低分为 8 级。园区高程主要集中在 60~105m。毕家上流水库位于核心区，现状标高 104m。规划区为丘陵地形，大部分土地坡度都在 20°之内。天水路以北比天水路以南整体坡度较高。坡度大于 30°的用地主要集中在世园会地块东部和北部。

坡向是小气候的重要组成部分，园区山地的南坡优于北坡，最优坡向是南偏东，能充分接受光照和通风，有利于植物的生长。世园会场地坡向接受光照和通风的条件较好，且西部优于北部。

4.1.2　世园会总体规划

青岛世园会以"绿色世界的精彩"为主题，涵盖可持续发展的全球发展目标，反衬人类城市化中绿色生态的日益珍贵。

1. 世园会园区总体布局

百果山森林公园是山地、台地地理自然景观，崂山的余脉，蜿蜒中无平不坡，曲折间无往不复，山重水复，柳暗花明。100座中外园林被规划师错落有致地掩映在峰回路转中。在转角处是泽国雨落进青岛海的加拿大展园，深林掩映中是来自神秘远方土地的俄罗斯彼尔姆，在河流的交汇处是德国曼海姆；在繁花丛中，邂逅一场浪漫的英国展园和能够收到来自圣诞老人故乡的问候的芬兰展园。园中旧有毕家上流水库更名为天水，天水沿着规划的渗渠，屋顶绿地，下凹式绿地，透水地面，漫流进入低处的地池，漫流中滋润着万物，沟通天地物语。远处沙鸥集翔处便是用于污水处理与回用的人工芦苇湿地，秋日芦花飞雪，落日余晖，堪比西湖的"芦花浅白夕阳紫，要从雁背分颜色"的胜景。即便是处理工程也营造得如同景观园林一般，就地势，一花一草皆风景。园区分为主题园区及体验区：主题园区由鲜花大道区、天水地池区、飞花区及7个主题园组成。其中，7个主题园分别为国际园、中国园、绿业园、花艺园、草纲园、科学园、童梦园。体验区包括5个片区，分别为百花园、农艺园、茶香园、花卉交易中心、山地园。园区开通了9个出入口可供进出园区使用，如图4.2所示。

图 4.2　世园会园区功能划分示意图与鸟瞰效果示意图

2. 游园人数

园区极端高峰游园人数达 30 万，一般高峰游园人数达 16 万，日常游园人数达 18 万 ~ 24 万。

3. 园区建筑

园区规划总建筑面积约为 11.6 万 m²，用地指标如表 4.1 所示，主题区建筑面积约 8.4 万 m²，体验区建筑面积约 3.2 万 m²。规划范围内，建筑分为永久建筑、临时建筑（土木建设）、临时建筑（模块化房屋）、移动厕卫和世园村五大类。

表 4.1 主要用地指标表

项目	面积（hm²）	百分比（%）
建筑用地	13.71	5.68
道路及广场用地	94.74	39.28
水体	16.98	7.04
绿化用地	115.77	48.00
合计	241.20	100.00

4.1.3 青岛世园会雨水湿地规划

青岛世园会区域内水系汇集了北侧崂山余脉的部分汇水，是李村河的发源地之一。该区域开发较少，基本保留了原始地势地貌，根据现状地形地势及自然冲沟流向，将该区域分为一个主水系和 6 个自然冲沟形成的水系，分别为李村河上游主水系、水系 1、水系 2、水系 3、水系 4、水系 5、水系 6，如图 4.3 所示[22]。

在世园会总体规划中，将现状毕家上流水库、上流水库和鞍子沟水库规划为天水、地池和鞍子沟水库，用于调蓄园区的雨水径流。依据《城镇雨水调蓄工程技术规范》将雨水调蓄定义为雨水调节和储蓄的统称。雨水调节以消减峰值流量为目的，通过暂时储存上游雨量，延长向下游排放时长而减小雨水峰值流量。雨水储蓄过程中增设水质控制保障措施，通过储存、滞留、沉淀、蓄渗或过滤径流雨水，控制雨水径流峰值、总量及污染物。

1. 雨水收集系统

保留了场地中的汇水冲沟，进行了系统设计，并结合景观形成园区开放式雨水收集系统。雨水收集明渠采用园林景观设计方式，如图 4.4 所示，结合地形及

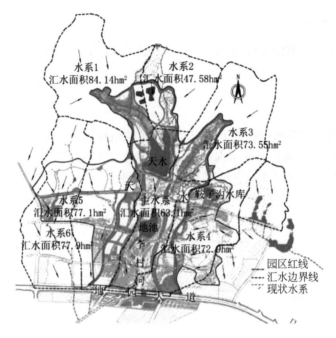

图 4.3 青岛世园会水系分区图

行洪要求，对冲沟断面等进行局部微改造，以自然方式加固驳岸，在排水沟渠里种植湿地植被，运用湿地植物以改善水质；局部利用高差营造小瀑布水景，或用台阶叠石等驳岸形式，形成旱季和雨季不同的水景感受，形成世园会生态湿地沟渠排水系统。湿地沟渠从断面形式分为倒抛物线形、三角形和梯形。植草沟的设计一般需要考虑流速、边坡坡度、曼宁系数和植被高度等因素。流速一般不大于0.8m/s，边坡坡度一般小于1:3，植被高度宜取 100～200mm[23,24]。

(a)现状雨水收集明渠

(b)设计的雨水收集明渠

图 4.4　规划雨水收集明渠示意图

　　生态湿地沟渠运用在道路的两旁，初期雨水带来的污染物经过湿地沟渠的湿地植物的滞留、吸收、过滤等一系列的理化作用，初步去除径流中的污染物[25]，削减雨水径流峰值；湿地沟渠中可配植多种水生植物，形成乔木、灌草相结合、高低错落、层次分明的湿地植物群落，更好地融入世园区的景观环境。

2. 雨水调蓄

　　园区内有毕家上流水库、上流水库和鞍子沟水库，总库容约为 115 万 m^3，可作为园区雨水的天然调蓄池（图 4.5）。天水（毕家上流水库）现状为无闸控制、开敞式溢洪道小Ⅱ型水库，调洪库容为 14.47 万 m^3；地池（上流水库）为无闸控制、开敞式溢洪道的水库，调洪库容为 1.98 万 m^3；鞍子沟水库的调洪库容为 1.04 万 m^3[26]。

图 4.5　建成后的天水地池俯瞰图[27]

园区雨水经生态沟渠收集后，最终汇入园区三个天然水库调蓄利用。根据地形地势特点，毕家上流水库（天水）主要收集调蓄汇水区 1 和 2 的雨水径流，地池收集汇水区 3 的径流，鞍子沟水库主要收集调蓄汇水区 4 的雨水径流。

3. 雨水湿地设计规模

（1）雨水设计径流总量

雨水设计径流总量是汇水面上在设定的降雨时间段内收集的总径流量。雨水设计径流总量按下式计算：

$$W = 10 \times \psi_c \times h_y \times F$$

式中：W 为雨水设计径流总量（m^3）；F 为汇水面积（hm^2）；h_y 为设计降雨厚度（mm）；ψ_c 为雨量综合径流系数。

（2）计算参数

汇水面积 F：按照水系汇水区的面积确定。

设计降雨厚度 h_y：

参考青岛市崂山区降雨资料，如表 4.2 所示，4 ~ 10 月多年平均降雨量约为 607.2mm；50% 保证率下（平水年），4 ~ 10 月平均降雨总量约为 547.2mm；75% 保证率下（干旱年），4 ~ 10 月平均降雨总量约为 433.7mm（由于 4 月、5 月、9 月的降雨量不足 10mm，难以形成径流，因此忽略不计）。

表 4.2　青岛市崂山区不同频率降雨量

月份	4 月	5 月	6 月	7 月	8 月	9 月	10 月	合计
多年平均降雨量（mm）	32.6	42.8	76.8	170.3	177.5	71.4	35.8	607.2
50% 保证率降雨量（mm）	17.5	20.4	55.4	185.3	206.4	30.7	31.5	547.2
75% 保证率降雨量（mm）	5.5	8.8	69.6	237.6	102.7	8.6	23.8	433.7

雨量综合径流系数 ψ_c。雨量综合径流系数按下垫面种类加权计算（表 4.3）。

表 4.3　不同下垫面面积与雨量径流系数

范围	下垫面种类	面积（ha）	雨量综合径流系数 ψ_c	加权计算后的雨量综合径流系数
园区内	绿地	115.77	0.15	0.34
	水面	16.98	1.0	
	路面和广场	94.74	0.7	
	屋面	13.71	0.5	
园区外	山体	269	0.25	

经初步估算，园区内绿地、水面、路面和广场及其他下垫面的面积分别约为 115.77hm²、16.98hm²、94.74hm² 和 13.71hm²，其雨量综合径流系数分别取 0.15、1.0、0.7 和 0.5。经加权计算，园区内雨量综合径流系数约为 0.45。园区外主要为绿化山体，其雨量综合径流系数取 0.25。通过加权计算，园区内、外汇水面积内的雨量综合径流系数约为 0.34。

（3）计算结果

将以上参数带入公式，经计算得到规划区汇水面积内在不同频率下的雨水设计径流总量（表 4.4）。数据显示，规划区在展会期间（4~10 月）的多年平均雨水径流总量约为 105.3 万 m³；在 50% 保证率下和在 75% 保证率下各汇水区雨水设计径流总量如表 4.4 所示，其中汇水区 1 和 2 进入新增湿地水体，汇水区 3 的径流进入地池前端荷花塘湿地。

表 4.4　世园区各流域的雨水设计径流总量预测

	汇水面积 （hm²）	多年平均 雨水径流量 （万 m³/a）	50% 保证率下 雨水径流量 （万 m³/a）	75% 保证率下 雨水径流量 （万 m³/a）
水系 1 汇水区	84.14	12.7	11.5	9.1
水系 2 汇水区	47.58	7.2	6.5	5.1
水系 3 汇水区	73.55	11.6	10.05	7.96
主水系汇水区	63.10	9.5	8.6	6.8

4. 雨水湿地规划

毕家上流水库适度扩大面积，建设生态湿地护岸，岸线设计以流水和绿化为基调，充分运用土石、树木、植被等自然要素，形成水体和陆地进行物质和能量交换的重要过渡地带，改善入库的雨水径流水质，为水生植物和动物提供良好的栖息条件。根据园区地形与水系特点，完整的水系体系，保留水系 12.87hm²，在地池水库入口处建设湿塘，种植荷花等景观湿地植物，形成湿地荷花塘；在保护水质的前提下对水库岸线进行改造，使之成为自然生态水库岸线，如图 4.6 所示。

位于展区的西侧低洼地，新增湿地水面 9.29hm²，生态湿地建设紧密结合园区景观设计，在洼地、岸边配植多种水生植物，形成挺水、浮水、沉水植物相结合，乔木、灌草相结合，高低错落，层次分明的湿地植物群落，打造以生态湿地为核心，以湖岸生态过滤带、洼地水景为辅助，形式多样、空间立体、平面丰富的多层次湿地系统，对园区雨水进行自然净化处理，确保进入下游李村河的水质。将园区内李村河打造成有湿地生态护岸的景观河流。

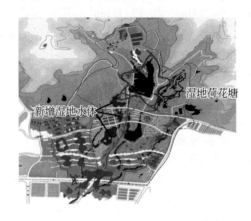

图 4.6　世园区人工湿地示意图[28]

5. 湿地植物

湿地植物为湿地生态系统提供了生物多样性和生态稳定性，在净化空气、净化水质、保持水土等方面起着不可替代的作用[29]。研究发现混合种植湿地植物在污水处理中比单一植物更有效，前者提供了更好的反硝化条件[30]。有研究将斑茅、芦竹、香蒲和菩提子等多种植物引种到人工湿地，增加人工湿地中的植物多样性，植物多样性越高，资源利用越充分，根区对硝态氮和氨态氮的利用程度也越高，多种植物组合可利用不同植物根系结构和生理特性的优势，形成互补-协同作用，增强了对营养元素的综合吸收能力，实现更高效的净化效果[31]。参照自然湿地生态系统的特征，充分考虑各种植物的习性，以营造多样性的稳定的植物群落为目的，为水生生物提供良好稳定的生存环境，形成完善的湿地生态系统。

优化设计形成功能景观。将水生植被群落按照环境条件和景观要求，进行时空上的分布，满足生态、环境功能和视觉效果。根据水文条件来配置挺水、浮水和沉水植物群落，湖底种植沉水植物（如苦草、眼子菜、黑藻等）和浮叶植物（如莲花等），防止底泥的再悬浮而影响水体的透明度，保持湖水清澈，用以吸收、转化沉积的底泥及湖水中有机质和营养盐，降低水中营养盐浓度，抑制浮游藻类的生产。水面浮水植物以睡莲、凤眼莲、槐叶萍为主，岸边挺水植物以芦苇、香蒲、茨菇、唐菖蒲等为主，既有水景绿化的作用，也起到净化水质、保护鱼类生长环境的目的；从景观角度考虑，主要是考虑不同植被的层次搭配和时间搭配，覆盖于水面生长的植物同暴露水面的比例要保持适当，水生植物与在水面漂浮生长的植物也要保持一定的比例。如果不保持这种平衡，会产生水体面积缩小的不良视觉效果。同时，植被群落配置还需要考虑一年四季中不同植物间的功能替代。

实现生态和美学的有机融合。合理组合挺水、浮水、沉水植物，既保持生态系统的平衡、促进良性循环，又能在构图上刻画出美感。在进行植物搭配时，充分考虑植物的季相变化和色彩搭配，同一区域的水面植物盛花期应有所不同，同一花期的植物色彩有所差异，使植物景观保持四季景象、层次丰富多样的特点。世园区湿地系统的浮水植物、浮叶根生植物、挺水植物、沉水植物和沼生植物的种类推荐见表 4.5。

表 4.5　湿地水生植物种类推荐

植物种类	推荐品种
浮水植物	睡莲、荷花、中华浮萍草等
浮叶根生植物	白睡莲、凤眼莲、五针金鱼藻等
挺水植物	香蒲、芦苇、水葱、席草、莎草、旱伞草等
沉水植物	狐尾藻、黑草、苦草等
沼生植物	玉簪、金莺尾、大花萱草、红花半支莲等

2018 年城乡用地分类与规划建设用地标准（GB 50137）（征求意见稿）中城市建设用地被划分为 9 大类、36 中类、47 小类。其中，公园绿地作为单独列出的用地类型，归属于绿地与广场用地大类。并依据公园绿地的规模和特征，将其分为 5 大类、11 小类[32]。公园绿地主要承担绿地功能，没有调蓄雨水、控制水质的作用。青岛世园会在设计之初，就充分考虑了雨水调蓄与水质保障，引入了人工湿地技术，成为利用公园建设实现流域水生态改善的措施，赋予了公园生态意义。

1893 年的青岛，德国文化、日本文化、法国文化和英国文化用入侵的方式占领青岛文化，青岛的中山公园成了多元文化交融的地方。然而这些外来文化非但没有颠覆青岛文化，反而被青岛人兼容并蓄，融汇发展成今天颇具影响的海派文化。120 年后的青岛以主人的姿态，盛情邀请全世界园艺文化落户青岛百果山。当全球化扑面而来时，青岛展开双臂拥抱世界。生态营园给百果山注入灵魂，这园、这景、这山、这石一时都活了起来，有了勃勃生机，生趣盎然。世园会园区用湿地生态将人类造园活动带入了多功能时代。

世园会利用地形条件，保留了原有的水库，改为景观天水、地池和鞍子沟景观塘，将园区的低洼地规划成为雨水湿地，雨水收集系统规划为开放式湿地生态沟渠，世园会公园成为雨水收集、净化、下渗与调蓄空间。公园的雨水收集系统位于李村河的上游，作为城市雨洪管理的一部分，可以缓解城市用水的压力，也可以在雨洪来临时分担部分洪峰的流量，降低城市排水的负荷。

4.2　济南泉城公园的湿地化

济南泉城公园，原名济南植物园，位于济南市区南部，东经 117°007′40″，北纬 36°38′43″，面积 47hm²，平均海拔 57m，属暖温带大陆性季风气候，年平均气温 14.2℃。在南郊果园的基址上按照专类园进行规划[33]，始建于 1986 年，于 1989 年对外开，整个园区分露地植物展区、温室植物展区和引种驯化区三大区。主要功能是科研的基地、科普的乐园和百姓游憩场所。

济南市的主要泄洪河流玉绣河穿过泉城公园。玉绣河是南部山区洪水冲刷而形成的山水冲沟，由南向北贯穿南城区，包括广场东沟和广场西沟两条支流，全长 10.5km，高差约 136m，河道宽 8~9m，流域面积 73.58km²，下游在济南市大明湖北岸汇入西泺河，最后经西泺河向北汇入济南市北侧的小清河。2003 年检测结果表明河水污染物浓度较高，COD_{Cr} 达到 400~1000mg/L、SS 为 260mg/L、NH^{4+}-N 为 40mg/L、TN 为 50mg/L、DO 为 0~0.5mg/L，水质严重恶化，水生物无法生存，河流生态功能完全丧失。2005 年实施河道整治工程，泉城公园结合玉绣河整治，承担了污水深度净化的功能。

1. 泉城公园增设湿塘承担污水深度净化功能

泉城公园建有 3 座中水处理站，两座位于公园内对玉绣河流域周边生活污水进行截污处理；泉城公园中水站采用了生态污水处理系统（ecological wastewater treatment system，ETS），处理规模为 3000m³/d，工艺流程为：城市污水→调节预处理池→ETS 生态桶→沉淀池→砂滤→消毒→回用进入景观湿塘。生态桶是集曝气和植物吸收于一体的反应容器；ETS 利用自然水体自净原理，加入人工强化技术，将传统的曝气池分成 6 个串联的桶状曝气容器（曝气桶），曝气桶内培植芭蕉等植物，通过多级处理单元（桶）内的植物对营养物质的吸收生长以及根部、活性污泥等聚集的微生物群体的降解作用，进行优化微生物、植物级配，以此提高污染物降解能力和系统的稳定可靠性。

玉绣河广场东沟旁的泉城公园中水站采用了曝气生物滤池（BAF）工艺，处理规模为 3000m³/d，工艺流程为：生活污水→调节预处理池→竖流沉淀池→曝气生物滤池→过滤消毒→排放进入泉城公园景观湿塘。

第三处中水站位于泉城公园对面的南郊宾馆，采用 A/O 处理工艺处理南郊宾馆的生活污水，经污水处理站后，出水中 TN 为 4~8mg/L、TP 为 0.3~0.5mg/L、COD 为 50~60mg/L[34]。在泉城公园内建设水面面积约 2200m² 的景观塘，景观塘内架设漂流浮岛，种植芦苇、美人蕉等植物，以提高水体景观性和水域净化能力。在玉绣河泉城公园北侧（0+110）、玉绣河泉城公园中段（0+1200）、玉绣河泉城公园南侧（0+1400）玉绣河内建设跌水坝，进行近自然的跌水曝气增氧。处理后的水用于泉城公园的景观环境用水，回用用水比例已达70%。

2. 泉城公园实施海绵化改造承担雨水调蓄功能

2015年济南市成为国家首批试点城市之一。2016年，泉城公园作为济南大明湖兴隆试点区内的公园绿地，进行海绵城市建设改造。在园区南部和西南区域，结合现状的景观湿塘，将现状玉秀河旁的沉淀湿塘，进行扩建，增加雨洪调蓄容积；其他结合海绵城市建设进行的公园改造工程如表4.6所示。

表4.6 2016年泉城公园海绵改造工程[35]

项目	名称	工程量
1	土壤增渗改造	33000m²
2	透水铺装改造	11500m²
3	植草沟改造（湿地型）	长440m（调蓄容积50m³）
4	下沉式绿地改造	6200m²（调蓄容积900m³）
5	增设渗井+渗井改造工程	(6+5) 11处（调蓄容积590m³）
6	竹园专类改造	1600m²

运行海绵城市理论和相关技术，对泉城公园进行雨水收集、渗透和调蓄改造，实现雨水的渗透和净化。海绵化改造后，泉城公园设计年径流总量控制率为90%。提高雨洪资源的使用率，减少对传统供水系统的依赖，实现水资源的可持续利用。

4.3 城市公园湿地化

改革开放以来，我国的城市化进程经历了前所未有的高速发展，最显著的特征便是地表覆盖发生巨大变化，以不透水地面取代透水性能良好的林地、农田，导致城市地表径流量增加，雨洪灾害频繁发生。粗放式开发减少了雨水的下渗和对地下水的补给，加剧了局部区域的水资源短缺，河流水质恶化、生态环境退化等一系列水安全、水资源、水环境与水生态问题接踵而至，城市水环境问题日益凸显。

1. 城市公园湿地化趋势

城市绿地主要分为公园绿地、附属绿地、生产绿地、防护绿地和其他绿地。公园绿地主要承担居民休闲娱乐和改善人居环境的功能，一般具有稳定的生态系统，形态丰富种类多样，是大型、优质的末端设施，并且可与道路等附属绿地相连接，成为区域的集中汇水区。城市公园绿地不仅承载休闲娱乐、环境美化的功能，还需要承载更多的复合功能，如调控城市雨洪过程，重建城市自然水文循环。2012年北京市园林局印发《关于进一步加强雨水利用型城市绿地建设的通知》和《北京市园林绿地雨水控制利用工程设计指南》，明确在部分城市绿地中应设置雨洪利用相关设施，建设雨水花园、使用透水铺装，保证绿地进行雨水消纳，集雨型绿地的概念[36]，这些文件进一步明确了城市公园湿地化改造的发展方向。

2. 城市公园湿地化改造技术措施

文件中提出的主要措施是雨水花园，使用透水铺装，目的是雨水消纳。技术的核心是对雨水进行滞留、过滤、渗透，降低雨水中污染物浓度，减少径流携带的污染物排放，延缓峰值到达时间，平坦峰值流量。核心技术的都市湿地的不同表现形式，如湿塘，可以是雨水花园、滞留池和渗滤带，这些都是基于形式和位置，对湿地的再定义，换而言之，各种形态的湿地是推动城市公园向具有雨洪调蓄功能的多功能景观公园转换的主要技术方法。公园的湿地化，对于新建的城市公园，如青岛的世园会，在规划之初就充分考虑地形条件，以保护场地原有的自然要素和环境特征为主，大量运用原有场地和本土自然景观要素，利用现状水库资源，采用湿地技术，使世园会成为李村河上游城市雨水调控的功能单元；济南的泉城公园是已有公园改造的案例，结合地形条件和使用功能，利用湿地技术，结合草坪、水体、自然驳岸等对公园改造，使公园具备雨洪调蓄功能、本地典型自然风貌和生态演替的公园景观。

4.3.1　新建城市湿地公园

具备雨洪调蓄功能的城市公园选址规划。对于新建城市湿地公园的选址，应重点关注以下几个方面，使公园的水生态功能最大化。

1. 现状分析

（1）地形地貌评估

优先考虑地势低洼区域，这类地区在降雨时容易汇集雨水，可作为天然的雨水收集点。例如城市中的一些旧河道、坑塘周边区域，通过公园建设可以有效利用这些地形进行雨洪调蓄，减少雨水管网的排水压力；分析山地与平原的过渡地带，其坡度变化有利于雨水的分流与缓流控制，可在此选址建设公园，设置梯田式的雨水花园或下沉式绿地等雨洪调蓄设施，减缓雨水流速，增加雨水渗透时间。

（2）水文条件研究

调查城市现有河流、湖泊的分布与流量特征。选址靠近主要水系的区域，便于构建雨水调蓄系统与自然水系的连通，实现多余雨水的有效疏导与储存。如在河流的漫滩区域规划公园，当河流水位上涨时，公园内的调蓄空间可以容纳部分洪水，减轻河道行洪负担；在枯水期，储存的雨水又可以补充河道生态用水；分析城市地下水位情况，避免在地下水位过高且难以排水的区域建设公园，防止因雨洪调蓄设施的设置导致地下水位进一步上升，引发土壤沼泽化或建筑物基础受浸等问题。

（3）城市排水系统调研

了解城市雨水管网的布局与排水能力，确定排水瓶颈区域或易积水点。将公园选址在这些区域周边或与之结合，通过公园内的调蓄设施，如人工湿地、雨水湿塘等，对雨水进行就地消纳和净化，缓解排水管网的压力，减少内涝发生的频率。例如在老旧城区的低洼积水区域，将其改造为雨洪调蓄公园，既能解决积水问题，又能提升城市生态环境品质。

（4）土地利用现状分析

选择可利用的闲置土地或低效利用土地，如废弃的工厂用地、荒地等。这样可以降低征地成本和建设难度，同时实现土地的再开发与生态功能提升。如一些城市中的老工业厂区，其场地开阔且有一定的基础设施，经过改造可成为集雨洪调蓄、工业遗产保护与市民休闲娱乐为一体的城市公园；避免选择生态敏感且具有重要生态服务功能的区域，如城市饮用水水源保护区核心区等，防止因公园建设对这些区域的生态环境造成破坏，影响城市的饮用水安全等。

2. 选址原则

（1）多功能融合原则

除雨洪调蓄功能外，公园选址应兼顾市民的休闲娱乐、文化教育等需求。选择在人口密集区域周边或城市重要公共设施附近，如学校、居民区、商业中心等，方便市民使用。使市民在享受休闲时光的同时，了解雨洪调蓄知识，增强环保意识；与城市交通系统相衔接，选址靠近公交站点、自行车道或城市主干道，提高公园的可达性。

（2）生态连通性原则

注重公园与周边自然生态系统的连通，与城市森林、湿地、农田等生态斑块相连接，形成完整的城市生态网络。有利于生物多样性的保护和生态流的交换，促进城市生态系统的平衡与稳定。在城市边缘的湿地与农田之间选址建设公园，通过生态廊道将三者连接起来，为野生动植物提供迁徙和栖息的空间，同时增强雨洪在不同生态系统之间的调蓄与净化能力。与城市水系连通，构建连续的水生生态系统。公园内的雨水调蓄设施应与城市河流、湖泊等水系形成有机整体，保障雨水的自然循环与生态净化过程。

（3）安全性原则

避免在地质灾害易发区域选址，如地震断裂带、滑坡泥石流易发山坡下方等。确保公园在雨洪调蓄过程中及日常运营中的安全性，保障市民生命财产安全。

3. 规划布局

雨洪调蓄核心区应设置在地势最低洼或靠近主要雨水径流汇集方向的区域，建设大型雨水湿塘、湿地等调蓄设施，通过管道、沟渠等将周边区域的雨水引入该区域进行储存和净化。雨水净化与渗透区：分布在雨洪调蓄核心区周边，主要由下凹式绿地、雨水花园等组成。这些区域通过植被和土壤的渗透作用，进一步净化雨水并使其缓慢下渗，补充地下水。下凹式绿地的设计应低于周边路面一定高度，确保雨水能够流入绿地进行调蓄与净化。休闲活动区：位于公园地势较高且相对安全的区域，设置步行道、广场、健身设施、景观小品等供市民休闲娱乐。休闲活动区与雨洪调蓄区域之间应通过合理的地形设计或防护设施进行分隔，保障市民在休闲过程中的安全与舒适。例如利用地形高差设置台地式广场，既可以作为市民活动空间，又能避免雨水淹没。

通过以上全面的现状分析、科学的选址原则确定以及合理的规划布局，能够打造出以雨洪调蓄为核心功能且兼具多种城市服务功能的城市公园，有效提升城市应对雨洪灾害的能力，改善城市生态环境和居民生活品质。

4.3.2　现状城市公园湿地化

联合国政府间气候变化专门委员会（Intergovernmental Panel on Climate Change，IPCC）在第六次评估报告中指出，未来几十年里，全球的气候变化都将加剧，极端天气频发将成为现实。气候变化诱发洪涝灾害，威胁人民生命健康和财产安全。

海绵城市的理念提出实施渗、滞、蓄、净、用、排的海绵措施缓解城市内涝问题[37]。利用海绵城市的理念，对现状城市公园实施再湿地化，使城市公园具有城市雨水调蓄、雨洪管理和水生态营造功能的新公园形式，以及发挥恢复生态平衡、提供生态服务、应对气候变化等作用；公园既是市民游玩、休憩、交流和活动的生态公园，又是集中解决城市洪涝灾害、水资源短缺和水生态问题的有效途径。城市公园湿地化为解决城市自然环境生态问题提供技术方向。

4.4　小　　结

本章回顾了青岛城市公园营建过程，从为了满足植树造林不断增加的苗木需求，从德占初期建立的小苗圃，经过逐年扩大成为"森林公园"，后演变为游憩功能的城市公园；当生态成为时代的主题，建造了具有雨洪调蓄的城市公园世园会。青岛城市公园的营建反映了时代发展的需求。

另外，讨论了济南市泉城公园，从植物园到拥有污水深度净化功能。2015年济南泉城公园进行改造，成为具备雨洪调蓄功能的城市公园。

城市公园具有稳定的生态系统，丰富多样的形态种类，是大型公共设施，具备改造的空间条件，较容易成为城市雨洪调蓄功能空间。

参 考 文 献

[1] 戴维·舒勒. 新的城市风貌：19世纪美国城市类型的再阐释 [M]. 巴尔的摩：约翰斯·霍普金斯大学出版社，1986.

[2] 张健. 中外造园史 [M]. 武汉：华中科技大学出版社，2009.

[3] 王颖. 城市绿地系统结构的生态学分析 [D]. 北京：北京林业大学，2006.

[4] 陈蕴茜. 空间重组与孙中山崇拜——以民国时期中山公园为中心的考察 [J]. 史林，2006, 01-1-18.

[5] 陈蕴茜. 崇拜与记忆：孙中山符号的建构与传播 [M]. 南京：南京大学出版社，2009.

[6] 胡而思. 基于水利系统的北京传统城市景观体系研究 [D]. 北京：北京林业大学，2020.

[7] 党明德，林吉铃. 济南百年城市发展史——开埠以来的济南 [M]. 济南：齐鲁书社，2004.

[8] 李鑫田. 济南明府城空间文脉要素研究 [D]. 济南：山东建筑大学，2023.

[9] Julia R，Porter-Bolland L，Bonilla-Moheno M. Can multifunctional landscapes Become effective conservation strategies? challenges and opportunities from a Mexican case study [J]. Land，2019, 8 (1)：6-7.

[10] 高相铎，陈天，胡志良，等. 复合功能视角下天津市郊野公园游憩空间规划策略 [J]. 规划师，2015, 31 (11)：63-66.

[11] 史文正，海伦伍勒. 景观多功能下的城市景观管理规划——以英国谢菲尔德市诺福克遗址公园为例 [C]. 中国风景园林学会，2011年会文集（上册），2011.

[12] 郑曦. 拥抱城市，融入生活——浅谈城市公园的多层次、多样化、多功能构建 [C]. 中国风景园林学会，2011年会文集（下册），2011.

[13] 陈寿岭，赵谷风，袁敏. 可持续城市绿地在现代棕地治理再开发中的创新性应用——以AECOM伦敦奥林匹克公园项目为例 [J]. 中国园林，2015, 4：16-19.

[14] 马克·A. 贝内迪克特，爱德华. 绿色基础设施——连接景观与社区 [M]. 北京：中国建筑工业出版社，2010.

[15] Sandstrom U F. Green infrastructure planning in urban Sweden [J]. Plann. Pract. Res., 2002, 7（4）：373-385.

[16] Kazemi F, Beecham S, Gibbs J. Street scale bioretention basins in Melbourne and their effect on local biodiversity [J]. Ecological Engineering, 2009, 35（10）：1454-1465.

[17] 吴威，汪礼婷，邓敏敏. 湖泊公园的人性化设计策略研究——以翡翠湖为例 [J]. 建筑与文化，2016，（06）：216-217.

[18] 青岛市史志办公室. 青岛市志（园林绿化志）[M]. 北京：新华出版社，1997.

[19] 青岛市农林事务所. 青岛农林 [M]. 青岛：青岛市农林事务所，1932.

[20] 杨惠敬. 青岛市城区防洪治涝关键问题及其对策研究 [D]. 青岛：中国海洋大学，2013.

[21] 张明辉. 李村河流域非点源污染精细化模拟与优先控制区识别研究 [D]. 青岛：中国海洋大学，2023.

[22] 李忠民，张玉政，侯梁浩，等. 2014青岛世园会园区防洪规划重点与难点 [J]. 城市道桥与防洪，2017（03）：138-141，15.

[23] 王健，尹炜，叶闽，等. 植草沟技术在面源污染控制中的研究进展 [J]. 环境科学与技术，2011，34（05）：90-94.

[24] 马晓谦，苏继东，吴厚锦. 公路生态型植草沟设计技术 [J]. 交通标准化，2011，4（Z2）：78-81.

[25] 刘燕，尹澄清，车伍. 植草沟在城市面源污染控制系统的应用 [J]. 环境工程学报，2008，4（03）：334-339.

[26] 李忠民，张玉政，侯梁浩，等. 2014青岛世园会园区防洪规划重点与难点 [J]. 城市道桥与防洪，2017，3（03）：138-141.

[27] 杨藤. 青岛世界园艺博览会园址后续利用空间策略研究 [D]. 青岛：青岛理工大学，2020.

[28] 高崎，章琴，赵玮. 大型博览会的生态城市建设途径——以2014年青岛世界园艺博览会规划设计为例 [J]. 上海城市规划，2012，100（006）：71-76.

[29] 吴星杰，韦雅妮，李丽. 人工湿地植物对农村生活污水污染物去除机制的研究进展 [J]. 安徽农业科学，2023，51（21）：14-18.

[30] Bachand Pa M, Horne A J. Denitrification in constructed free-water surface wetlands：Ⅱ. effects of vegetation and temperature [J]. Ecological Engineering, 2000, 14：17-32.

[31] 陈小运. 种水生植物及其组合对体营养盐的净化效果试验研究 [D]. 淮南：安徽理工大学，2021.

[32] http：//www. mohurd. gov. cn/zqyj/201805/t20180522_ 236162. html.

[33] 张德顺，园林品牌价值的回归——对济南植物园更名为泉城公园的商榷 [J]. 山东林业科技，2014，44（05）：102-105.

[34] 魏雪莲，周志文，施怀荣. 生物–生态耦合技术在水质控制中的应用 [J]. 山东水利，

2014（06）：33-34.

[35] 王海涛，陈朝霞，王志楠，等．海绵城市理念在城市公园改造中的应用——以济南泉城公园为例 [J]．园林科技，2016（4）：7.

[36] 强健．北京推进集雨型城市绿地建设的研究与实践 [J]．中国园林，2015（06）：5-8.

[37] Xia J，Zhang Y Y，Xiong L H，et al. Opportunities and challenges of the sponge city construction related to urban water issues in China [J]．Science China earth sciences，2017，60（4）：652-658.

第5章 利用湿地形成水生态韧性城市

随着城市化进程的加快，城市区域不透水性面积增加，城市下垫面条件的改变直接影响降水的产流及汇流过程。在相同量级降雨情况下，径流系数加大，洪峰量及产流量增加，局部地区雨水排泄不畅，超过该区域雨水消纳能力，导致地面产生积水，出现内涝现象[1]。降雨是水循环过程中水从气态转化为液态过程，是城市水源补给的重要来源，是引发城市内涝灾害的直接影响因素。对雨水进行综合管理，以绿色综合措施将城市降雨带来的负面影响降到最低，建立一个可持续的城市雨洪水韧性系统是城市雨洪管理的方向[2]。

2020年，《中共中央关于制定国民经济和社会发展第十四个五年规划和2035年远景目标的建议》明确提出"增强城市防洪排涝能力，建设韧性城市"。建设韧性城市的措施之一，是从源头控制场地雨水径流，就地消纳、滞蓄、利用雨水，控制面源污染；利用小而分散的水文控制措施和相应雨洪管理技术，控制径流量、消减峰值、推迟峰现时间、消减污染[3]。水敏感性城市设计[4]是规划构建源头控制的方法，运用水文模型模拟对区域内汇水、水流方向、水流量等分析城市雨水径流路径，确定不同暴雨重现期下区域发生洪涝的可能性的点位，识别城市潜在的雨洪空间，通过控制城市开发建设与土地利用方式滞留雨洪，减少径流与峰值流量[5]。

潜在雨洪空间主要包括湖泊、洼地、小微水体和公园绿地等，这类空间在洪涝灾害中起到关键的调节和缓冲作用，能够通过自然蓄水和净化水质的方式，减轻洪涝对城市的影响，通过综合改造措施恢复和保护自然水体，提高城市生态空间调水静水的服务功能。雨洪滞留池是暂时存放雨水，并以一定流量排向市政管道的蓄流装置，既保证了雨水下泄量不超过一定数值，又起到了雨水过滤的作用[6]，雨洪滞留池通过对过剩雨水的短时间（24~48h）滞留以起到过滤和削峰等作用，在消减暴雨洪峰流量及改善水质方面效果显著[7]。利用湿地对雨洪滞留空间进行改造，在滞留雨洪、削减洪峰流量的同时，还能够起到部分沉淀过滤和发挥生态功能的作用，造价低、施工简单。将美学设计和规则原理与湿地工程技术相结合，运用多学科的知识实现湿地生境的良性可持续发展[8]。湿地在城市雨洪管理中将成为具有调蓄功能的生态景观基础设施。

5.1 济南市起步区大桥片区雨洪湿地系统营建

济南市起步区大桥片区位于 116°58′ ~ 117°4′E 和 36°46′ ~ 36°50′N 之间，定位城市副中心。规划面积 35km²，近期重点建设 12km²。率先引爆的 12km² 是国务院批复的《济南新旧动能转换起步区建设实施方案》中的"城市副中心示范区"。

济南市起步区大桥片区属于暖温带大陆性季风气候区，区域最高和最低高程值分别为 22.81m 和 22.58m，地势平缓，是典型的平原城市；多年平均气温 14.9℃，最高气温 42℃，最低-19℃。如图 5.1 所示是区域土地利用现状，主要为居住区建设用地（49.41%）、绿地（25.81%）、混凝土或沥青路面（18.13%）和水体（6.64%），属于建筑密度较大区域，对此区域进行城市雨水湿地系统构建，对于管理区域内涝、营建健康的生态环境有重要意义。

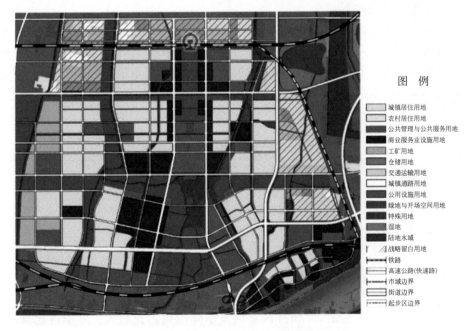

图 5.1　土地利用现状类型图

5.1.1　起步区大桥片区涝洼地识别

地形是控制水分再次分配的关键要素，地形中的洼地是水分汇集之处、更易于发育为湿地的地带，洼地的识别对确定潜在湿地分布至关重要。选择合适的洼地识别方法是进行湿地规划的前提和基础。目前,丹麦水利研究所(Danish Hydraulic Institute, DHI)开发的 MIKE 系列模型[9-11],是应用最为广泛且受到较多关注的水力学模拟模型。MIKE 系统模型采用 MIKE FLOOD 平台,耦合 MIKE 11、MIKE 21 和 MIKE URBAN 模型,借助实地收集雨量站的数据、径流及淹没资料对模型进行率定与验证,将水环境模块化[12],并分别基于芝加哥雨型,模拟分析该研究区不同暴雨情景下的洪涝淹没时空特征。

1. 起步区大桥片区基础数据

起步区的高程资料、管网规划资料,数字高程模型(digital elevation model, DEM)分辨率为 10m。用地类型、河流等矢量数据来源于对像素分辨率为 0.12m 栅格卫图的提取;降雨量数据为起步区附近(36.683°N, 116.983°E)水文站点的时降雨量数据。20230403 场次降雨数据来源于自建水文站(36.783°N, 117.033°E)实测数据。

水文气象数据如下。

依据在大桥片区附近(36.683°N, 116.983°E)水文站的时降雨量数据,起步大桥片区 1973 ~ 2021 年平均降雨量为 782.33mm,1993 年降雨量最大为 1271.53mm,是年平均降雨量的 162.53%;1986 年降雨量最小为 343.93mm,是年平均降雨量的 43.96%。最大最小降雨量差值为 927.6mm,最大是最小的 3.70 倍,如表 5.1 所示。

表 5.1 大桥片区各季节降水量趋势

季节	年平均(mm)	最大值(mm)	最小值(mm)	极差(mm)
春季(2~5月)	111.6465	256.54	30.99	225.55
夏季(6~8月)	503.8951	907.54	195.83	711.71
秋季(9~11月)	137.518	384.3	23.12	361.18
冬季(12~次年2月)	29.27449	135.64	0.5	135.14

根据表 5.1 和图 5.2,大桥片区年内夏季降雨量占比最大,冬季占比最小。春季占比 4.54% ~ 37.86%、夏季占比 40.95% ~ 89.08%、秋季占比 1.81% ~ 34.30%、冬季占比 0.06% ~ 12.13%,降雨向春夏季集中;夏季极差最大为 711.71mm,冬季极差最小为 135.14mm,夏季极差为冬季极差的 5.27 倍。

降雨作为研究的驱动因子,是研究的重点。为了获取实时高精度降雨数据,在起步区安装了雨量监测气象站。为保证雨量监测气象站满足运行条件,雨量监测气象站安装于大桥街道园丁花园社区(纬度为 36.783°N,经度为 117.033°E),

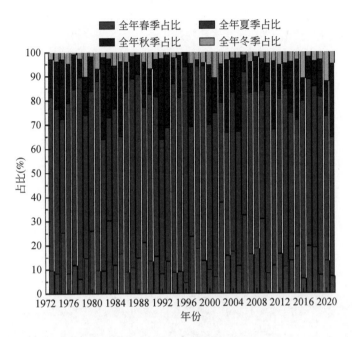

图 5.2　大桥片区降雨量季节变化

具体位置和安装环境如图 5.3 和图 5.4 所示。

图 5.3　雨量监测气象站位置

　　为了实时掌握降雨数据，基于物联网云平台，搭建了互联网实时监测运平台，可实时掌握起步区累积雨量、瞬时雨量、当前雨量和日雨量数据，平台详细界面如图 5.5 所示。

图 5.4 雨量监测气象站实图

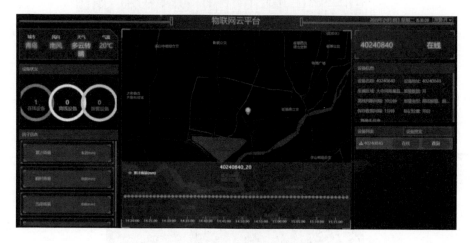

图 5.5 互联网实时雨量监测云平台

2. 内涝模型 DHI MIKE 基本原理

(1) MIKE URBAN

MIKE 系列软件中的 MIKE URBAN 是基于 GIS 开发的, 用于构建一维管网模型, 对区域管网排水能力评估。通过降雨径流模拟和管网水力学模拟, 降雨径流模拟可生成检查井降雨流量过程线, 作为后续管网水力模拟的边界条件; 管网水力模拟能全面反映管网内水流流态, 如管道压力、流速、水深、水头损失等[13-14]。MIKE URBAN 共提供了 4 种地表径流计算模型, 分别为时间面积 (T-A) 模型、单位水文过程线模型、线性水库模型以及非线性水库-动力波模型。时间面积模型因操作简单、灵活等特点被广泛使用，本书采用此方法模拟地表径流。时间面积模型根据集水区的形状，预设了 3 种 T-A 曲线，将集水区划分为矩形、倒三角形和正三角形，不规则形状的集水区可以通过用户指定的 T-A 曲线更精确地描述[15]。管网水动力模拟以地表径流模拟的人孔流量时间曲线作为边界条件，采用有限差分法求解连续方程（5.1）和动量方程（5.2）来计算管网中的非恒定流，模拟过程便捷、准确。

$$\frac{\partial A}{\partial t}+\frac{\partial Q}{\partial x}=q \tag{5.1}$$

$$\frac{\partial Q}{\partial t}+\frac{\partial}{\partial x}\left(\frac{Q^2}{A}\right)+gA\,\frac{\partial h}{\partial x}=gA\left(S_o-S_f\right) \tag{5.2}$$

式中，Q 为过水断面流量（m^3/s）；A 为过水断面面积（m^2）；x 为水流方向的距离（m）；t 为时间（s）；S_o 为管道坡度；S_f 为水力坡度；g 为重力加速度（m/s^2）；h 为管道水深（m）。

利用一维管网模型进行区域管网排水能力评估的步骤如下：

①管网数据概化：将收集到的 CAD 格式的排水管网数据利用 Arcgis 软件整理成模型可识别的 shp 文件，根据实际管网数据，检查修正节点标高、井径、管径、管线起止点、管线上下游标高等基础信息。将 shp 文件导入模型，检查管网拓扑关系，完成管网数据概化。

②集水区划分及链接：根据概化后的排水管网系统及管网系统所在汇水区情况，利用 MIKE URBAN 的 Catchment Delineation 工具进行子集水区划分，划分后的子集水区和相应的雨水井对应，并自动链接集水区与雨水井。

③集水区参数设置：设置下垫面各土地利用类型的参数设置以及地表汇流速度、折算系数、初损雨量等参数。输入降雨边界条件，根据实际管网情况，考虑排水口附近的河道顶托或潮位顶托等，设置上下游边界条件，进行集水区的地表径流和管网水力模拟计算。

（2）MIKE 11

MIKE 11 用于构建一维河网模型。MIKE 11 河流水动力模型包含水动力模块（HD）、水工建筑物模块（SO）、溃坝模块（DB）、降雨径流模块（RR）、对流扩散模块（AD）、水质生态模块（ECO Lab）、非黏性泥沙运输模块（ST）和洪水预报模块（FF）/数据同化模块（DA）八个模块[16]。基于一维水动力学原理进行计算，涉及方程包括运动方程和连续方程，通过 Abbott-Ionescu 六点隐式差分格式求解[17]。河道上的每个网格节点按照水位点和流量点的顺序交替布置，然后在每个时间步内采用隐式的有限差分法交替计算水位点和流量点[18-19]。模型应用能够自适应河道内在时间和空间水流条件的数值计算方案，很好地描述河流的各种水流环境[20]。主要包括连续方程（5.1）和动量方程（5.3）[21]。

$$\frac{\partial Q}{\partial t}+\frac{\partial}{\partial x}\left(\frac{Q^2}{A}\right)+gA\,\frac{\partial h}{\partial x}+g\,\frac{Q\,|\,Q\,|}{C^2\,AR}=0 \tag{5.3}$$

式中，A 为过水断面面积（m^2）；Q 为流量（m^3/s）；x 为距离坐标（m）；t 为时间坐标（s）；h 为水位（m）；C 为谢才系数；R 为水力半径（m）；g 为重力加速度（m^3/s）。

（3）MIKE 21

MIKE 21 基于区域的 DEM 地形图，构建二维地表漫流模型，模拟管网漫水的溢流过程，模拟河流、湖泊、河口、海湾、海岸、海流、水密度、沉积物等河道状态下的水流动态过程；模型充分考虑粗糙率、风速场、冰盖、局部排水泵、降雨蒸发的演变等各种因素，结果可输出洪水的淹没水深、流速等系统分析计算所需的基本信息[22-23]。其中水动力（hydrodynamic）模块是模拟的基础，由动量、温度、盐度和密度的连续方程组成，在深度上集成不可压缩纳维-斯托克斯（Navier-Stokes）方程，包含连续方程（5.3）和动量方程（5.4）~（5.9），采用单元中心有限体积法进行空间离散，对流通量计算采用 Riemann 近似求解，时间积分采用显式积分法[24-25]。

连续方程为：

$$\frac{\partial \xi}{\partial t}+\frac{\partial (hu)}{\partial x}+\frac{\partial (hv)}{\partial y}=0 \tag{5.4}$$

动量方程为：

$$\frac{\partial u}{\partial t}+u\,\frac{\partial u}{\partial x}+v\,\frac{\partial u}{\partial y}-\frac{\partial}{\partial x}\left(\varepsilon_x\,\frac{\partial u}{\partial x}\right)-\frac{\partial}{\partial y}\left(\varepsilon_y\,\frac{\partial u}{\partial y}\right)-fv+\tau_{zxb}=-g\,\frac{\partial \xi}{\partial x} \tag{5.5}$$

$$\frac{\partial v}{\partial t}+u\,\frac{\partial v}{\partial x}+v\,\frac{\partial v}{\partial y}-\frac{\partial}{\partial x}\left(\varepsilon_x\,\frac{\partial v}{\partial x}\right)-\frac{\partial}{\partial y}\left(\varepsilon_y\,\frac{\partial v}{\partial y}\right)+fu+\tau_{zyb}=-g\,\frac{\partial \xi}{\partial y} \tag{5.6}$$

$$\tau_{zxb}=\frac{gu\sqrt{u^2+v^2}}{C_z^2 H} \tag{5.7}$$

$$\tau_{zyb}=\frac{gv\sqrt{u^2+v^2}}{C_z^2 H} \tag{5.8}$$

$$C_z=\frac{1}{n}H^{\frac{1}{6}} \tag{5.9}$$

式中，ξ 是水位（m）；h 为基准面到床面的距离（m）；$H=h+\xi$ 即总水深（m）；u，v 为 x、y 方向垂直平均流速（m）；g 为重力加速度（m^3/s）；f 为科氏力系数；ε_x、ε_y 为紊动涡黏系数；C_z 为谢才系数；n 为曼宁系数。

（4）MIKE FLOOD

MIKE FLOOD 是一个将 MIKE 11、MIKE 21 和 MIKE URBAN 动态耦合的平台，耦合方式多，操作设置灵活，可实现一维与二维区域之间自由的水体交换，如图 5.6 所示。

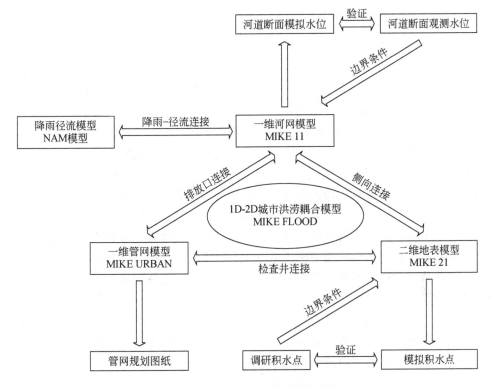

图 5.6 MIKE FLOOD 模型耦合方法

MIKE FLOOD 为 3 个模块的耦合共提供了 7 种耦合方式，其中，数字 1~5 属于 MIKE 11 与 MIKE 21 间的耦合方式，数字 6 是 MIKE URBAN 与 MIKE 21 间的耦合方式，数字 7 是 MIKE 11 与 MIKE URBAN 间的耦合方式。通过多种耦合方式，既利用了一维模型和二维模型的优点，又避免了采用单一模型时遇到的网格精度和准确性方面的问题[26]。在 MIKE 21 中，模型之间的连接可以是任意方向，不仅仅是水平或者竖直连接。设计了图形用户界面，使数据的导入、处理、分析、导出非常方便，全面的在线帮助系统、用户手册，使使用 MIKE 软件更加简单。使用 MIKE FLOOD 有许多优势，一些模型的实际应用可以通过它来得到改进，包括洪泛区研究，风暴潮研究，城市排水和溃坝结构物的水力设计及大尺度的河口研究[27]。

对于城市连接，当人孔的水压高于地面水位，管中雨水将通过人孔溢流到地表形成洪水。对于河流城市连接，三模块间采用 1~3 耦合方式。

3. 起步区 MIKE 内涝模型构建

（1）起步区 DEM 修正

起步区的 DEM 数据是通过 GIS 克里金插值工具对研究区规划节点的高程数据插值获取的，由于规划节点均未在房屋和河道设点，忽略了房屋和河道的高度，居民建设用地和河道底部的高程与真实值相差较大，需进行修正。同时，因部分道路宽度小于 DEM 分辨率，在进行插值过程中减小了道路和路沿石的高度差，使得道路和路沿石的边界不明显。为了更好地凸显建筑物的阻水能力和道路的行洪能力，在数字高程模型中统一将建筑物的高程拔高至 35.00m，即将建筑提高至积水深度不可能达到的高度；通过现场对路沿石高度调研，研究区路沿石高度一般为 0.15m，为凸显道路的行水能力，将数字高程模型中混凝土或沥青路面降低 0.15m。另外，通过对比多处数字高程模型中河流底部高程和现场河流底部实测高程，数字高程模型中河流底部高程平均比实测河流底部高程高 1.50m，因此，将数字高程模型中河流高程降低 1.50m。经上述处理后的数字高程模型与实际情况更吻合。

（2）设计降雨情景

由于研究区水文资料不完善，目前没有本地暴雨强度公式；起步区气候气象类似于济南市，本书采用济南市的暴雨强度公式 K.C 法（芝加哥雨型）生成降雨历时曲线；济南市暴雨强度公式如式（5.10）[28]：

$$q = \frac{1421.481(1+0.932\lg P)}{(t+7.347)^{0.617}} \tag{5.10}$$

式中，q 为降雨强度（mm/min）；P 为重现期（a）；t 为降雨历时（min）。设计重现期分别为 1a、3a、5a、10a、20a、50a、100a，设计降雨历时分别为 1h、2h和 5h，当雨峰系数为 0.25，重现期 5a、10a、20a、50a、100a 对应的总降雨量分别为 91.21mm、106.70mm、122.20mm、142.68mm 和 158.17mm；当雨峰系数为0.50，重现期 5a、10a、20a、50a、100a 对应的总降雨量分别为 91.15mm、106.64mm、122.13mm、142.60mm 和 158.08mm；雨峰系数为 0.75 下各重现期对应的总降雨量与雨峰系数为 0.25 时一致。各降雨雨型具体降雨过程分别如图5.7 和表 5.2 所示。

（3）内涝模型构建

起步区包含城市管网和河网，内涝积水主要源于降雨过程中检查井的溢流和河流向河道两侧的漫流，涉及 MIKE 11、MIKE URBAN 和 MIKE 21 模块（图5.8）。其中，MIKE URBAN 中包括 182 个子汇水区、182 个检查井节点、149 个排放口、182 根汇水管道；MIKE 11 中河道总里程 83.59km，最低河道高程17.44m，最大河道宽度 100.00m，最小 25.00m；MIKE 21 设计地形为 10m×10m

矩形网格，共 450838 个网格。管网与河网通过排放口进行水量交互，排放口与河道连接的具体位置通过输入接入河道里程数确定。一维管网与二维地表通过检查井进行水量交互，二维地表中检查井的具体位置通过空间坐标校准自动确定。一维河网和二维地表以河道左右岸作为水量交互边界，两者耦合节点共 18092 个，河流在二维地表中具体位置通过空间坐标校准自动确定。由于起步区内部分区域被河流集水分区边界独立且不包含雨水管网，该区域通过 NAM 模型以净流量的方式均匀分配到河流边界并通过降雨径流的方式与河网模型进行水量交互。一维管网、河网和二维地表的初始水位均为 21.82m，同时，降雨条件均通过 MIKE URBAN 模块体现。

表 5.2　设计降雨情景降雨量和编号

降雨历时 (h)	雨峰系数	重现期 (a)	降雨量 (mm)	编号	降雨历时 (h)	雨峰系数	重现期 (a)	降雨量 (mm)	编号
		1	28.25	1			1	38.09	22
		3	40.81	2			3	55.02	23
		5	46.65	3			5	62.9	24
	0.25	10	54.57	4		0.25	10	73.58	25
		20	62.50	5			20	84.27	26
		50	72.97	6			50	98.4	27
		100	80.90	7			100	109.08	28
		1	28.22	8			1	38.06	29
		3	40.76	9			3	54.98	30
		5	46.6	10			5	62.85	31
1	0.50	10	54.51	11	2	0.50	10	73.52	32
		20	62.5	12			20	84.20	33
		50	72.97	13			50	98.32	34
		100	80.9	14			100	108.99	35
		1	28.25	15			1	38.09	36
		3	40.81	16			3	55.02	37
		5	46.65	17			5	62.9	38
	0.75	10	54.57	18		0.75	10	73.58	39
		20	62.50	19			20	84.27	40
		50	72.97	20			50	98.4	41
		100	80.90	21			100	109.08	42

降雨历时 （h）	雨峰 系数	重现期 （a）	降雨量 （mm）	编号	降雨历时 （h）	雨峰 系数	重现期 （a）	降雨量 （mm）	编号
5	0.25	1	55.23	43	5	0.50	20	122.13	54
		3	79.79	44			50	142.6	55
		5	91.21	45			100	158.08	56
		10	106.7	46		0.75	1	55.23	57
		20	122.2	47			3	79.79	58
		50	142.68	48			5	91.21	59
		100	158.17	49			10	106.7	60
	0.50	1	55.2	50			20	122.2	61
		3	79.74	51			50	142.68	62
		5	91.15	52			100	158.17	63
		10	106.64	53					

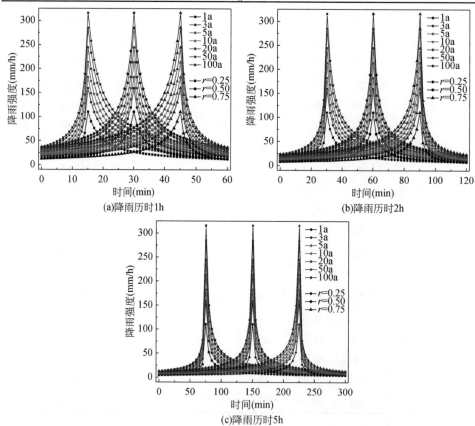

(a)降雨历时1h

(b)降雨历时2h

(c)降雨历时5h

图 5.7　设计降雨过程

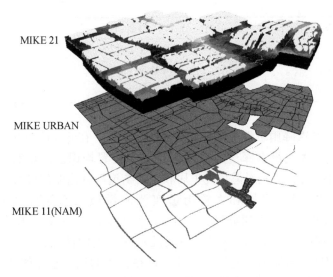

图 5.8　MIKE FLOOD 模块三维堆叠图

4. 内涝模型参数率定及模型验证

通过对比模拟实测降雨事件下内涝点最大积水深度与对应位置调研最大积水深度的相对误差验证内涝模型的合理性。选择 20230403 场次降雨作为模拟降雨事件，构建的 MIKE FLOOD 耦合模型主要涉及不透水率、河道糙率、干湿边界等参数，根据研究区的实测资料、收集设计规划资料和 MIKE 参考手册，具体取值见表 5.3。其中，初始损失、干边界、湿边界来源于现场实测，用地不透水率、曼宁系数来源于设计规划提供资料，水文折减系数来源于 MIKE 参考手册。

表 5.3　模型参数取值

模块	参数	取值
MIKE URBAN	居住区建设用地不透水率	0.70
	绿地不透水率	0.16
	混凝土或沥青路面不透水率	0.83
	水体不透水率	1.00
	初始损失（mm）	0.60
	水文折减系数	1.10
MIKE 11	曼宁系数（$m^{1/3}/s$）	30

续表

模块	参数	取值
	曼宁系数（m$^{1/3}$/s）	33
MIKE 21	干边界（mm）	2.00
	湿边界（mm）	3.00

20230403 场次降雨事件模拟结果如图 5.9 所示，在起步区东北区域识别出较大淹没水深，最大淹没水深达到 7.20cm，其余位置均识别出较低淹没水深。基于现场的场地条件，分别对鹊华九里居和大桥街道两处道路的最大淹没水深进行了现场实测，鹊华九里居和大桥街道实测淹没最大水深分别为 3.20cm 和2.32cm，模拟最大淹没水深分别为 3.05cm 和 2.22cm，相对误差分别为 4.67%和 4.31%，均不超过 10%。对于其他淹没水深较大的区域，进一步分析发现，该区域地势较低，与周围环境形成低洼，存在较大的淹没水深的数据真实合理。对情景模拟结果进行合理性分析表明，所构建的模型径流系数、径流过程等也处于合理范围内，构建的内涝模型具有较高的可靠度，可用于起步区内涝分析。通过对起步区 2023 年 3 ~ 6 月多次降雨事件观测，起步区洪涝均在 27h 内消退，模拟时间取 27h。

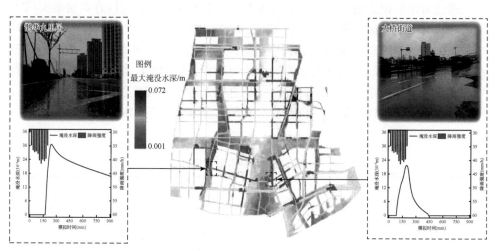

图 5.9　20230403 场次降雨事件最大淹没水深模拟及评估

5. 起步区积水量、积水面积、平均积水深度分析

以校准的 MIKE FLOOD 模型为基础，模拟了起步区 63 场设计降雨的内涝淹没过程。通过统计淹没区域的淹没网格、积水深度，叠加计算出降雨过程中起步

区的积水量、积水面积、平均积水深度变化（图5.10）。

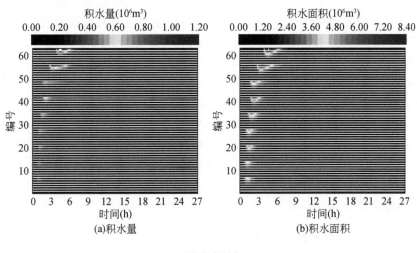

(a)积水量　　(b)积水面积

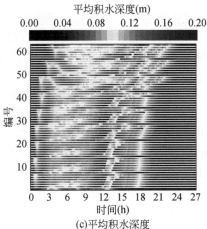

(c)平均积水深度

图5.10　设计降雨情景下积水量、积水面积和平均积水深度变化

3 种降雨历时条件下，最大积水量分别为 1.12 万 ~ 46.14 万 m³、1.50 万 ~ 65.47 万 m³、1.61 万 ~ 126.63 万 m³，最大积水面积分别在 23.59 万 ~ 497.36 万 m²、27.34 万 ~ 614.47 万 m²、28.95 万 ~ 843.30 万 m²，均在重现期为 1a 和雨峰系数为 0.25 时出现最小值，在重现期为 100a 和雨峰系数为 0.75 时出现最大值；由图5.10（a）和（b）可知，积水量和积水面积均随时间增加先变大然后逐渐变小，积水量峰值和积水面积峰值出现时间均大于降雨雨峰值出现时间，均随着重现期、降雨历时的变大而变大，且积水量和积水面积均在同一时刻达到极值；当降雨历时为 1h 时，降雨的雨峰越居中，产生的积水量峰值和积水面积峰值越大，

当降雨历时为 2h 和 5h 时，降雨的雨峰越靠后，产生的积水量峰值和积水面积峰值越大；当重现期小于 20a 时，积水量峰值和积水面积峰值差异较大，当重现期大于 20a 时，积水量峰值和积水面积峰值差异较小，但随着重现期的增长，不同类型降雨所带来的积水量峰值和积水面积峰值差异不断减小。降雨历时 1h、2h 和 5h 的最大平均积水深度（积水量与积水面积的比值）分别为 0.154 ~ 0.203m、0.114 ~ 0.200m、0.129 ~ 0.198m，均在 $r = 0.75$ 时出现最小值和最大值，且出现最小值的时重现期分别为 100a、50a 和 20a，出现最大值时重现期分别为 3a、3a 和 1a；由图 5.10（c）可知，各降雨雨型下平均积水深度波动较大，持续时间长，降雨历时 1h 和 3h 在 3 ~ 9h 和 10 ~ 20h 两时段内平均积水深度变化明显，降雨历时 5h 在 2 ~ 10h 和 11 ~ 23h 两时段内平均深度变化明显；平均积水深度峰值出现时间均大于降雨峰值出现时间，各时段平均积水深度峰值均随降雨历时、重现期和雨峰系数的增大而增大。

5.1.2　起步区雨洪湿地技术选择

雨水管理可以减少洪涝灾害影响，改善排水系统的内涝。首先是削减径流峰值流量[29]，延长径流持续时间，如绿色屋顶可以削减峰值流量的 50%[30]；其次是降低径流系数[31,32]，从而削减径流量，如生物滞留塘可以控制其径流量恢复到开发前的水平；再次是径流峰值出现时间的推后[33]，最后是污染物削减与水质净化，以实现溢流污染的控制[34]。例如，生物滞留池对于 COD 和 TN 的去除率分别可达 35% 和 22% 以上[41]。干植草沟对总悬浮物的去除率可高达 93%[35]。典型的雨水蒸发与下渗措施包括植草沟[36]、绿色屋顶[37]、雨水罐[38]、渗透铺装[39]、入渗沟[40]、生物滞留池[41,42]等。其中植草沟、入渗沟和生物滞留池都是湿地的变形形式。下面就湿地的变形形式：下沉式绿地、生物滞留池和湿塘布设进行讨论。

1. 下沉式绿地

下沉式绿地一般是指周围地面或道路以下 200mm 的绿地，可广泛应用于绿地、广场、城市建筑和居住区，其建设成本较低，但易受到地形等方面的影响，具有明显削减洪峰流量、渗透消纳雨水等优点。下沉式绿地的构造一般是绿地的高程面低于路面，雨水排水口通常设置在绿地内部，低于路面且高于绿地面。下沉式绿地可有效地汇集并吸收周边的雨水径流，这些径流雨水一部分通过下渗进入地下，另一部分则可以流入雨水管网，随着雨水径流量的减少，径流污染物也随之减少。其典型构造示意图如图 5.11 所示。

2. 生物滞留池

生物滞留池指处于低洼区域，通过植被、土壤和微生物系统蓄渗、净化径流

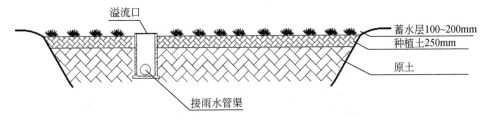

图 5.11　下沉式绿地典型构造示意图（《海绵城市建设技术指南 2014》）

的设施，其简易结构示意图如图 5.12 所示，主要由蓄水层、覆盖层和原土组成。该设施主要通过在浅洼地的土层中添加砂砾、腐殖层和生物复合物去除污染物，主要应用于城市绿化带、道路及停车场周围的绿地等，具有径流控制效果好、易与景观结合等优点。

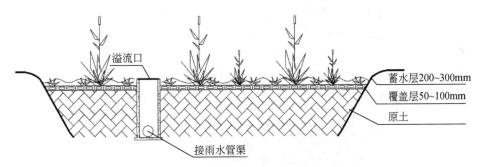

图 5.12　简易生物滞留池结构示意图（《海绵城市建设技术指南 2014》）

3. 湿塘

湿塘指具有雨水净化和调节功能的景观水体，且雨水为其主要的补充水源，其构造示意图如图 5.13 所示，主要由前置塘、主塘、护坡和驳岸等组成。其往往因具有较大的容积而具有显著的径流总量、径流污染和峰值流量削减效果，是城市内涝防治的主要设施，适用于城市绿地、广场等具有较大开阔条件的场地，且对场地要求较严格，建设和维护费用也较高。

5.1.3　起步区大桥片区雨水湿地布设

1. 汇水分区

在地表汇水过程中，道路和河流具有行水能力，改变地表雨水汇水过程而作为汇水边界。本书采用 MIKE URBAN 的 Catchment Delination Wizard 工具，以人

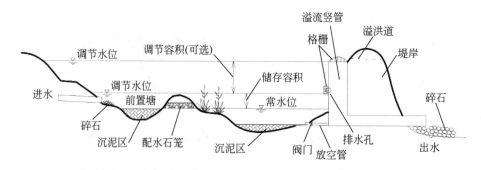

图 5.13 湿塘构造示意图 (《海绵城市建设技术指南 2014》)

孔为汇水节点和道路及河流为边界绘制泰森多边形，最终得到大桥片区 182 个汇水区，汇水区分布和编号如图 5.14 所示。其中，65 号汇水区面积最大，为 83.67 公顷，47 号汇水区面积最小，为 1.91 公顷；42 号汇水区道路占比最大，为 63.18%，50 号汇水区道路占比最小，为 3.71%；107 号汇水区绿地占比最大，为 78.65%，5、6、7 号等 23 个汇水区绿地占比为 0；36 号汇水区建筑物占比最大，为 92.74%，50、59、114 号等 10 个汇水区建筑物占比为 0；181 号汇水区水体占比最大，为 34.45%，28、47、47 号等 23 个汇水区水体占比为 0。

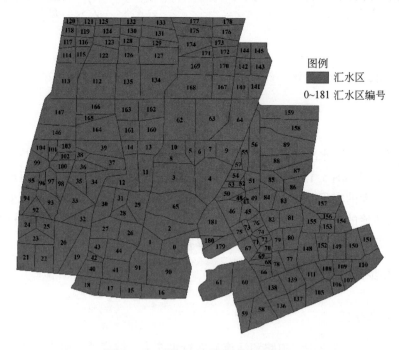

图 5.14 大桥片区汇水区分布及编号

2. 雨水湿地布设

结合洼地分布，规划的城市绿地用地分布和雨水湿地设施分布情况如图5.15所示。

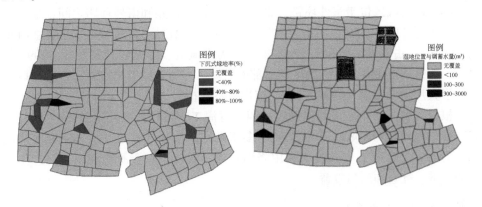

图 5.15　下沉式绿地和雨水湿塘分布情况

28、36、40号等13个汇水区布设下沉式绿地，其中，147号汇水区下沉式绿地布设面积最大，为0.90hm²，下沉式绿地率为9.60%，69号汇水区下沉式绿地布设面积最小，为0.01hm²，下沉式绿地率为100.00%。36、39号汇水区绿地均改建为下沉式绿地，97号汇水区下沉式绿地率最低，为0.74%。23、36、45号等7个汇水区不能满足汇水区调蓄要求，均需布设雨水生物滞留池，其中，23号汇水区雨水生物滞留池的容积最大，为2691.75m³，73号汇水区雨水生物滞留池最小，为95.51m³。62号、142~145号地块是现状洼地的较低点和最低点，在62号地块结合用地设计湿塘、142~145号设计景观湿地公园。

在本选址区域共规划出雨水湿地26个。下沉式雨水湿地所处位置的规划用地为草地与开放空间用地，均可直接建设或者进行适当改造，依托水域建设滨水湿地公园，进行雨水收集的同时还可以为人类提供休憩娱乐场所。29~30号雨水湿地位于公共管理与公共服务用地或商业服务设施用地，但均靠近周边陆地水域，解决方案有两个：一是将雨水湿地建设在周边"非建设用地"规划区内，同时建设植草沟可实现对周边陆地水域的景观补水；二是适当调整规划，保证湿地建设所需要的土地面。

起步区大桥片区是济南城市副中心所在组团，该组团将从农业用地转变为城市建设用地，受高强度开发建设活动和气候变化的影响，起步区下垫面情况将发生较大的变化，使得径流形成的物理条件也相应地发生变化，对流域水资源、水环境、水生态和水安全带来巨大压力。维持区域的可持续发展，利用湿地技术手段保持开发前后的生态健康安全尤为重要。

5.2　滨州市建成区雨洪湿地空间构建

滨州市建成区位于东外环路、北外环路、西外环路和南外环路之间，地理坐标介于东经 117°52′56″~118°4′27″，北纬 37°17′27″~37°26′09″，占地总面积 178.96km²，占滨城区面积的 17.21%，分为东城区、西城区和开发区。1994 年以前，建筑用地主要集中在城区东南部的东城区，随着城市化发展，东城区以西出现了大片建设用地（西城区），城市规模不断扩大。

根据《滨州市生态水利建设项目四环五海工程可行性研究报告》，"四环五海"年引黄水量为10840 万 m³，利用多年平均降雨量计算城市水文研究区降雨总量为12702 万 m³，有效收集利用降雨径流，实现雨水资源化利用，将产生巨大的经济、社会和环境效益。

1. 滨州市气象条件

滨州市位于暖温、半干旱季风性气候区，气候温和、四季分明，光照充分，雨热同期。

2. 滨州市降水

据1979~2000 年资料，全市年平均降雨量508.7~586.5mm，邹平县最多，无棣县最少。四季降雨悬殊较大，冬季降雨量最少，平均降雨量为 14.3~22.8mm，占年降雨量的2.8%~3.9%；春季降雨量为74.3~97.0mm，占全年降雨量的14%~16.5%；夏季降雨量为343.4~370.1mm，占全年降雨的61.1%~68.6%；秋季降雨量少于夏季，多于春、冬两季，多70.3~108.1mm，占全年降雨量的13.8%~18.4%。

各地平均年降雨日数（日降雨量≥0.1mm）为 62.2~73.2 天，7 月最多，为 10.8~12.4 天；1 月最少，为2.1~3.0 天。全年降水日数中，小雨（降雨量0.1~9.9mm）最多，为47.9~58.0 天，占全年降雨日数的77%~80%；中雨（降雨量10.0~24.9mm）14.1~16.7 天，占年降水日数的22%~23%；大雨（降雨量25.0~49.9mm）5.1~6.5 天，占年降雨日数的8%~9%；暴雨（降雨量≥50mm）为 1.1~1.9 天，占年降水日数的2%~3%。

雨季平均开始于 7 月 3 日，平均结束于 9 月 7 日。历时雨季最早开始于 6 月 17 日，最晚开始于 7 月 16 日；最早结束于 8 月 24 日，最晚结束于 9 月 28 日；最长雨季日数为 96 天，最短为 49 天，平均为 66 天左右。各县区平均雨季降雨量为 280.3~306.4mm，占全年降雨量的51.8%~57.1%。

3. 滨州市蒸发

全市多年平均蒸发量在 1725. 6 ~ 1893. 2mm。一年中各月蒸发量相差较大，4、5 月因干热西南风盛行，风速大、气温高、空气湿度小，月蒸发量在 200 ~ 260mm，为全年蒸发量最盛时期；冬季气温低，蒸发量小，各县 12 月和 1 月的蒸发量仅为 41. 1 ~ 47. 5mm。

构建滨州市建成区雨洪湿地，需要掌握洼地和可以进行雨洪管理的空间。采取的措施是进行雨洪空间模拟获取空间现状。

5.2.1　滨州市建成区降雨径流量空间分布

利用改进 Wetspa Extension 水文模型对滨州市建成区进行水文模拟，率定模型参数；模拟不同降雨条件下不同水文特征，获得建成区雨水径流空间分布[43]。

1. Wetspa Extension 水文模型

Wetspa Extension 模型是一个基于 GIS 技术的流域尺度的分布式物理水文模型，通用性和可移植性比较好。Wetspa Extension 模型以 ArcView 3. 2 为操作平台，能模拟计算不同时间步长下流域出口的水量平衡及洪水过程，能动态反映流域内任一时刻任一点的径流过程。Wetspa Extension 模型可用于基于 GIS 的土壤含水量、地下水流量、径流、洪水等水文过程的模拟，流域管理以及土地利用变化对水文过程的影响分析等。

2. Wetspa Extension 模型参数率定与验证

模型率定与验证的过程是为了寻找模拟结果与实测值达到统一的最佳参数组合。一些无法测量的参数，这些参数取值只有通过模型参数率定与不断调整，从而达到与实测值相吻合的效果。模型验证过程就是用率定的参数来反映模型的适用性。以 2009 年和 2010 年为模型参数率定期，2011 年为模型参数验证期。

（1）模型参数率定

采用 PEST 独立参数自动率定程序率定水文模型参数。PEST 程序集中了逆海森方法和最速下降法的优点，能够朝着目标函数更快而有效地收敛，能通过尽量少的模型运算次数估算参数[44]。

根据 Wetspa Extension 模型，利用降雨径流量数据，输出文件 balance 中的 surfacerunoff 作为模拟值，以此为基础，准备 PEST 程序运行所需的数据，设定水文参数的初始值和变化范围，运行 PEST 程序，得到率定结果，如表 5.4 所示。

表 5.4　模型参数率定值

参数	单位	范围	率定值
壤中流缩放因子（C_i）	—	0～10	1.512
地下水衰退系数（C_g）	1/d	0～0.05	0.001
初始土壤水分因子（K_{ss}）	—	0～2	0.5089
潜在蒸散量校正因子（K_{ep}）	—	0～2	1.684
初始地下水储存量（G_0）	mm	0～500	254.1
最大地下水储存量（G_{max}）	mm	0～2000	292.4
初始融雪温度（T_0）	℃	−1～1	−1
融雪温度系数（K_{snow}）	mm/（℃·d）	0～10	−1
决定融雪的降雨系数（K_{rain}）	mm/（mm·℃·d）	0～0.05	−1
降雨强度对地表径流的效应系数（K_{run}）	—	0～5	3.916
降雨强度阈值（P_{max}）	mm/d	0～500	39.64

对降雨径流进行模拟，不做融雪径流的分析，因此初始融雪温度、融雪温度系数和决定融雪的降雨系数初始值设定为−1，率定输出值为−1。

（2）模型模拟与验证

选用复相关系数 R2、相对误差 Re 和 Nash-Sutcliffe 效率系数对模型模拟结果进行评估，验证模拟模拟精度。

复相关系数 R2 通过线性回归法求得，用来评价实测值与模拟值之间的吻合程度，其值越大，则实测值与模拟值吻合程度越好，模拟精度越高。通常情况下，相关系数 R2 达到 0.7 以上即可认为比较准确[45]。

Re 和 Nash-Sutcliffe 效率系数通过式（5.10）和（5.11）计算。

$$\text{Re} = \frac{\sum_{i=1}^{n}(Q_{si} - Q_{oi})}{\sum_{i=1}^{n}Q_{oi}} \tag{5.11}$$

$$E_{ns} = 1 - \frac{\sum_{i=1}^{n}(Q_{si} - Q_{oi})^2}{\sum_{i=1}^{n}(Q_{oi} - \overline{Q}_o)^2} \tag{5.12}$$

式中，Re 为相对误差；Q_{si} 和 Q_{oi} 分别为模型模拟值和实测值；E_{ns} 为 Nash-Sutcliffe 效率系数；$\overline{Q}_o$ 为实测值的平均值。

Re 越小，模拟值与实测值的平均偏差越小，表明模拟效果越好。E_{ns} 越大，模拟值与实测值越接近，模拟效果越好，当 $Q_{si} = Q_{oi}$ 时，E_{ns} 等于 1。效率系数评价标准依次为甲等（大于 0.9）、乙等（0.7～0.9）和丙等（0.5～0.7）。

分别计算率定期和验证期的复相关系数 R^2、相对误差 Re 和 Nash-Sutcliffe 效率系数，结果如表 5.5 所示。

表 5.5　模拟结果评价

时期	日均降雨径流量（mm）		R^2	Re（%）	E_{ns}
	实测值	模拟值			
率定期	2.62	2.53	0.9341	-3.48	0.9276
验证期	0.7559	0.7325	0.9848	-3.09	0.8597

率定期日平均降雨径流量模拟值略低于实测值，相关系数为 0.9341，相对误差为-3.48%，E_{ns} 值为 0.9276，值达到甲等标准，可见率定期结果具有较高的模拟精度，总体模拟效果好。验证期日平均降雨径流量模拟值略低于实测值，相对系数为 0.9848，相对误差为-3.09%，E_{ns} 为 0.8597。相对系数远高于 0.7，说明实测值与预测值吻合程度好；E_{ns} 值处于乙等上游水平，可见率定参数用于验证期水文模拟也有较高的精度。

通过精度验证表明 PEST 程序率定得到的参数在水文模拟中具有较高的精度，因此将率定得到的参数用于进一步的模型水文分析。

3. 滨州市建成区降雨量空间分布

收集建成区管网规划资料，数字高程模型（digital elevation model，DEM）分辨率为 10m。用地类型、河流等矢量数据来源于对像素分辨率为 0.12m 栅格卫图的提取；降雨量数据为建成区水文站点的时降雨数据。

向 Wetspa Extension 模型加载 2014 年土地利用分类图和丰水年、平水年、枯水年降雨量数据，输出不同降雨条件下各汇水区的年径流量（以 mm 表示），利用 ArcGIS 将各汇水区年径流量合并，得到滨州市建成区径流量分布图，结果如图 5.16～图 5.18 所示。

根据年径流量划分径流量等级，划分为高（>400mm）、中（200～400mm）和低（<200mm）三个等级，丰水年高径流量的面积占 59.88%，中径流量的面积占 0.88%，低径流量的面积占 39.24%；平水年高径流量的面积占 47.50%，中径流量的面积占 13.26%，低径流量的面积占 39.24%；枯水年高径流量的面积占 14.18%，中径流量的面积占 46.58%，低径流量的面积占 39.24%。不同水文条件下，低径流量的面积占比基本不变，主要分布在耕地和林地用地类型中；降雨条件由丰水年到枯水年，高径流量的面积占比由 59.88% 减少到 14.18%。

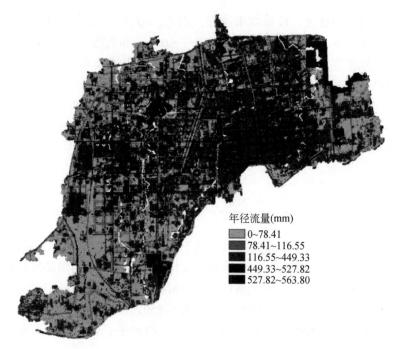

图 5.16　丰水年径流量

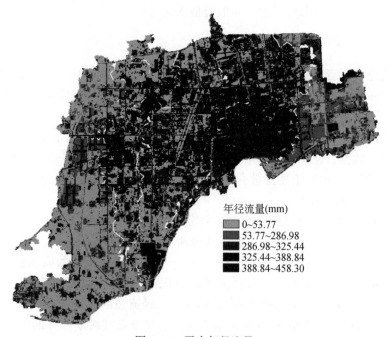

图 5.17　平水年径流量

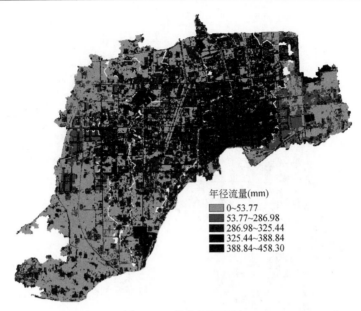

图 5.18　枯水年径流量

5.2.2　滨州市建成区可收集雨水资源量空间分布

根据降雨径流量计算不同降雨条件下研究区可收集雨水资源量，结果如图 5.19 ~ 图 5.21 所示。

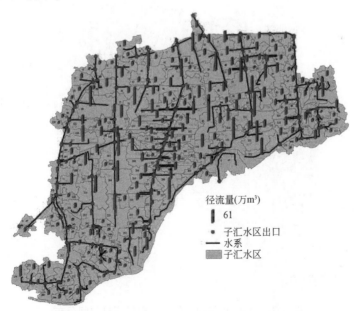

图 5.19　丰水年降雨条件下降雨径流量空间分布图

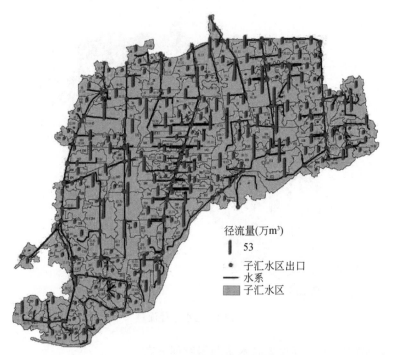

图 5.20　平水年降雨条件下降雨径流量空间分布

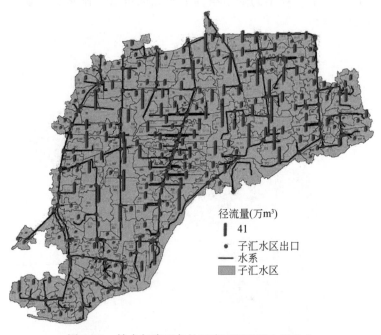

图 5.21　枯水年降雨条件下降雨径流量空间分布

丰水年降雨条件下，年径流量为 6616.04 万 m³，各子汇水区平均径流量为 23.21 万 m³。其中，建筑用地年径流量占径流总量的 85.96%。

平水年降雨条件下，径流量为 5921.71 万 m³，各子汇水区平均径流量为 20.38 万 m³。建筑用地年径流量占径流总量的 84.06%。枯水年降雨条件下，年径流量为 4270.51 万 m³，各子汇水区平均径流量为 14.98 万 m³。建筑用地年径流量占径流总量的 87.89%。丰水年、平水年和枯水年降雨条件下产生的年径流量占"四环五海"年引黄水量的比例分别为 61.03%、54.63% 和 39.40%，由此可见，建成区可利用降雨资源量丰富，提高雨水资源的收集利用量，可大大减少引黄水量。

5.2.3 雨水资源化利用可行性分析

统计不同降雨条件下，各子汇水区降雨径流量分布特征，结果如表 5.6 所示。

表 5.6 不同降雨条件下各汇水区降雨径流量分布

径流量	子汇水区个数		
（万 m³）	丰水年	平水年	枯水年
<10	88	93	132
10～20	71	80	79
20～30	52	48	39
30～40	28	27	15
40～50	17	14	7
50～60	9	4	6
60～70	1	6	4
70～80	8	4	2
80～90	2	5	1
90～100	4	2	0
>100	5	2	0

丰水年条件下，有 197 个子汇水区年径流量在 10 万 m³ 以上，占子汇水区总数的 69.12%，有 168 个子汇水区降雨径流量集中在 10 万～50 万 m³ 之间，年径流量 100 万 m³ 以上的子汇水区有 5 个。平水年条件下，有 192 个子汇水区年径流量在 10 万 m³ 以上，降雨径流量在 10 万～50 万 m³ 之间的子汇水区有 168 个，

年径流量 100 万 m³ 以上的子汇水区有 2 个。枯水年条件下，有 153 个子汇水区年径流量在 10 万 m³ 以上，降雨径流量在 10 万 ~ 50 万 m³ 之间的子汇水区有 140 个。

不同降雨条件下，年降雨径流量 10 万 m³ 以上的子汇水区占较大比例，且多分布在 10 万 ~ 50 万 m³ 之间，由于这些降雨径流量分散在 4 ~ 11 月的历次降雨中，多数子汇水区通过小规模的雨水收集利用设施即可实现雨水的收集利用。另外，对于降雨径流量较大的子汇水区，可通过建设大面积水体作为蓄水设施，并通过沟渠联通周围多个子汇水区。

以子汇水区为基本单元，根据各子汇水区特征和降雨径流量分布，将小型雨水收集利用设施和大型蓄水设施结合，实现雨水收集利用具有可行性。

5.2.4　雨水湿地设施的选址

基于 GIS 技术，在水文模型模拟的基础上，综合汇水路径、子汇水区特征、径流潜力和洼地分布等数据，确定雨水湿地设施的选址位置。

1. 汇水路径与汇水区

采用 GIS 的水文分析功能，通过多次试验，确定最适宜阈值，提取研究区汇水路径和汇水区，将研究区划分为 185 个子汇水区，如图 5.22 所示。

图 5.22　汇水路径及汇水区

129 号汇水区面积最大，为 659.28hm²，面积最小的汇水区为 144 号汇水区，面积仅有 0.04hm²，各汇水区平均面积为 114.77hm²。各汇水区面积有较大的差异，面积较小的汇水区不宜作为雨水收集利用设施所在地。

2. 径流潜力

以年径流量与年降雨量的比值作为径流潜力，径流潜力空间分布如图 5.23 所示。

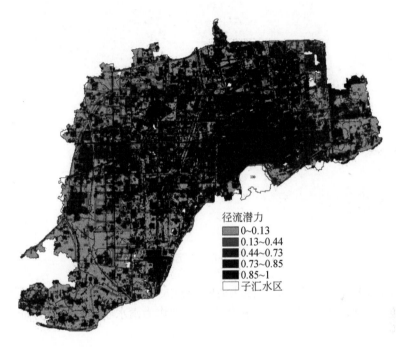

图 5.23　径流潜力分布图

计算各子汇水区平均径流潜力，平均径流潜力大于 0.50 的子汇水区共 107 个，其用地类型主要是建筑用地和水体。子汇水区面积是决定能否在汇水区开展雨水收集利用的重要条件，107 个汇水区平均面积为 113.16hm²，其中面积小于 10hm² 的有 8 个，面积介于 10~50hm² 的有 8 个，50~100hm² 的有 46 个，100hm² 以上的有 45 个。将雨水收集利用设施选在径流潜力大、占地面积大的汇水区中可大大提高设施收集利用雨水的效率。

3. 洼地分布

按照建成区地形地势对雨水收集利用设施进行布局，使雨水设施分布在地势低洼区，可通过重力实现雨水的汇集，有助于降低雨水收集成本、提高设施的安全性。在低洼区选址可降低工程建造成本。借助 ArcGIS 的空间分析功能得到各子汇水区洼地，结果如图 5.24 所示。

图 5.24　各汇水区洼地分布图

　　如图 5.24 所示，各子汇水区洼地的面积大小、聚集程度和分布位置各有差异，靠近子汇水区排水出口、面积较大的洼地作为雨水收集中设施选址具有一定优势。

　　4. 雨水湿地设施选址

　　雨水收集利用设施选址考虑以下方面：所在子汇水区面积较大、径流潜力大；靠近子汇水区排水出口。另外，受子汇水区排水出口附近用地条件的限制，无法作为雨水收集利用设施选址位置，则可利用子汇水区内的洼地，洼地选择依据包括洼地聚集、有较大面积，有水系连通。

　　面积大于 $50hm^2$，且径流潜力大于 0.5 的子汇水区有 91 个，面积大于 $1hm^2$ 的洼地有 561 处。结合各汇水区特征和洼地分布特点，借助 GIS 的图层相交运算，得到雨水收集利用设施选址位置，如图 5.25 所示。

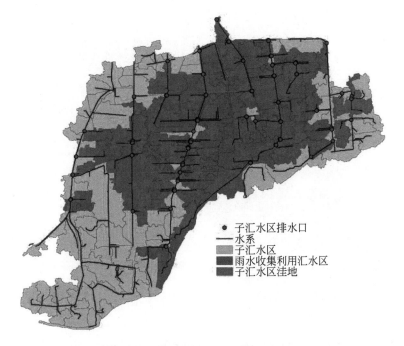

图 5.25　雨水收集利用设施选址

如图 5.25 所示，可开展雨水收集利用的子汇水区共 89 个，对应 89 个排水出口，89 个子汇水区的洼地总面积为 20.81km²。雨水收集利用设施首选位置是靠近子汇水区排水出口处，若靠近排水出口处用地不满足条件，可在子汇水区洼地中合理选择位置。

5.2.5　设计降雨量条件下雨水湿地收集雨量分析

滨州市建成区城市年径流总量控制率分区中的Ⅲ区，按照海绵城市建设指南，年径流总量控制率目标在75% ~ 85%，考虑到建成区对雨水资源的需求，将控制率目标确定为85%，对应的设计降雨量为 36.4mm，计算雨水收集利用汇水区降雨径流量，结果如图 5.26 所示。

各雨水收集利用汇水区，径流量变化范围为 1.25 万 ~ 13.66 万 m³，平均3.28 万 m³，总径流量为291.92 万 m³。径流量在 5 万 m³ 以下的子汇水区有 75 个，11 个子汇水区的径流量在5 万 ~ 10 万 m³，3 个子汇水区的径流量超过 10 万 m³。当设计降雨量为 36.4mm 时，各雨水收集利用汇水区径流量变化范围为 1.25 万 ~ 13.66 万 m³，平均3.28 万 m³，总径流量为291.92 万 m³。

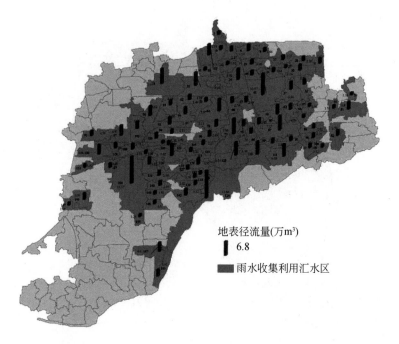

图 5.26　设计降雨量下雨水收集利用汇水区降雨径流量

5.3　小　　结

城市建成区存在大量的潜在雨洪湿地设施利用空间，主要包括湖泊、洼地、林地和草地，通过海绵技术对现状土地进行改造，可以形成具有湿地功能的雨洪调蓄空间，既可以有效缓解城市雨洪灾害的影响，又可以形成生态景观。

以济南市起步区大桥片区为例，讨论了在新城区如何利用内涝模型 DHI MIKE 识别城市容易产生内涝的洼地，结合城市土地利用规划，构建区域雨洪湿地空间。

以滨州市建成区为例，利用改进 Wetspa Extension 水文模型对滨州市建成区进行水文过程进行模拟，确定雨水湿地选址，构建湿地空间。

利用城市现状洼地或者绿地，可以有效收集雨洪资源，改善水生态环境。

参 考 文 献

[1] 孙鸿杰. 基于 MIKE 模型某区域内涝模拟及其排水系统优化研究 [D]. 成都：西华大学，2019.
[2] 陈诗雨. 西南地区水弹性城市绿地景观设计研究 [D]. 重庆：重庆大学，2016.

[3] Ahiablame L M, Engel B A, Chaubey I, et al. Effectiveness of low impact development practices in two urbanized watersheds: retro fitting with rain Barrel/cistern and porous pavement [J]. J. Environ. Manag., 2013 (119): 151-161.

[4] Australian Government National Water Commission. Water sensitive urban design [EB/OL]. 2011.

[5] Lloyd S D, Wong T H F, Chesterfield C J. Water sensitive urban design—a stormwater management perspective [R]. Melbourne, Australia: Cooperative Research Centre for Catchment Hydrology, 2002.

[6] 宗净. 城市的蓄水池——滞留池和储水池在美国园林设计中的应用 [J]. 园林工程, 2005 (3): 51-55.

[7] Schuster S, Grismer M E. Evaluation of water quality projectis in the lake tahoe basin [J]. Environmental Monitoring and Assessment, 2004, 90 (1-3): 225-242.

[8] 沃夫冈·F·盖格. 海绵城市和低影响开发技术——愿景与传统 [J]. 景观设计学, 2015 (02): 10-21.

[9] 刘嵩, 杨志, 赵强, 等. 基于 MIKE FLOOD 耦合模型的深圳黄沙河片区内涝风险评估和改造分析 [J]. 安徽建筑大学学报, 2024, 32 (3): 65-72.

[10] 谭清乾, 高阳, 程发顺, 等. 基于 MIKE 耦合模型的东莞市中心城区内涝防治研究 [J]. 给水排水, 2023, 59 (S2): 26-32.

[11] 张宏宇, 李莉, 赵志伟, 等. 基于 MIKE Urban 的山地城市管网水质模型构建与率定 [J]. 中国给水排水, 2023, 39 (21): 131-138.

[12] 申世吉. 吉林省某江洪水风险分析 [D]. 大连: 大连理工大学, 2019.

[13] 栾震宇, 金秋, 赵思远, 等. 基于 MIKE FLOOD 耦合模型的城市内涝模拟 [J]. 水资源保护, 2021, 37 (02): 81-88.

[14] 马盼盼, 于磊, 潘兴瑶, 等. 排水模型不同概化方式对模拟结果的影响研究——以 MIKE URBAN 软件为例 [J]. 给水排水, 2019, 55 (03): 132-138.

[15] 王浅宁, 彭勇, 吴剑, 等. 基于 MIKE 耦合模型的城市超标准洪涝灾害影响分析 [J]. 水电能源科学, 2021, 39 (08): 94-98.

[16] 张斯思. 基于 MIKE 11 水质模型的水环境容量计算研究 [D]. 合肥: 合肥工业大学, 2017.

[17] 查斌, 刘成帅, 杨帆, 等. 基于 MIKE FLOOD 模型的城市洪涝灾害场景推演研究 [J]. 人民黄河, 2022: 1-7.

[18] 张尧. MIKE 11 水动力模块在封闭圩区水系布局模拟计算中的应用 [J]. 中国水运 (下半月), 2012, 12 (03): 66-67.

[19] 邓苏谊. MIKE 11 水动力模型在桥梁壅水计算中的应用 [J]. 民营科技, 2010 (07): 195.

[20] 朱茂森. 基于 MIKE 11 的辽河流域一维水质模型 [J]. 水资源保护, 2013, 29 (03): 6-9.

[21] 蒋书伟, 武永新. 基于 MIKE 11 与 HEC-RAS 的南渡江防洪能力对比分析 [J]. 中国农

村水利水电，2014（02）：46-49.

[22] 张雪竹．月亮泡蓄滞洪区洪水风险分析［D］．长春：长春工程学院，2020.

[23] 朱婷，王鑫．基于MIKE FLOOD模型的中顺大围洪水风险研究［J］．中国水运，2016（07）：71-74.

[24] 贲鹏，胡勇，施奇，等．滨河城市洪涝精细化模拟——以蚌埠市为例［J］．安全与环境学报，2021，21（02）：752-757.

[25] 王韶伟，张琨，孙宏图，等．MIKE 21模型在某核电厂水动力环境模拟中的应用［J］．工业安全与环保，2015，41（09）：80-83.

[26] 李明，李添雨，时宇，等．基于MIKE耦合模型的入河污染模拟与控制效能研究［J］．环境科学学报，2021，41（01）：283-292.

[27] 王天泽，王远航，马帅，等．基于MIKE FLOOD耦合模型的洪水淹没风险分析：以北京市某科学城为例［J］．水利水电技术（中英文），2022，53（07）：1-17.

[28] 王琳，陈刚，王晋．基于SWMM的济南韩仓河流域宏观LID实践模拟［J］．中国农村水利水电，2020（04）：1-4.

[29] Freni G, Mannina G, Viviani G. Urban storm- water quality management: centralized versus source control［J］. Journal of Water Resources Planning and Management, 2010, 136（2）: 268-278.

[30] Banting D, Doshi H, Li J, et al. Report on the environmental benefits and costs of green roof technology for the city of Toronto［D］. Ryerson Univ, Department of Architectural Science, 2005.

[31] Long B V, Clark S E, Berghage R, et al. Green roofs—a BMP for urban stormwater quality?［J］. Proceedings of the 2008 World Environmental and Water Resources Congress, 2008: 13-16.

[32] 蔡剑波，林宁，杜小松，等．低洼绿地对降低城市径流深度、径流系数的效果分析［J］．城市道桥与防洪，2011，6：119-122.

[33] 王雯雯，赵智杰，秦华鹏．基于SWMM的低冲击开发模式水文效应模拟评估［J］．北京大学学报：自然科学版，2012，48（2）：303-309.

[34] 俞绍武，丁年，任心欣，等．城市下凹式绿地雨水蓄渗利用技术的探讨［J］．给水排水，2010，36（zl）：116-118.

[35] Freeborn J R, Sample D J, Fox L J. Residential stormwater: methods for decreasing runoff and increasing stormwater infiltration［J］. College Publishing, 2012, 7（2）: 15-30.

[36] 刘燕，尹澄清，车伍．植草沟在城市面源污染控制系统的应用［J］．环境工程学报，2008，2（3）：334-339.

[37] 中国建筑防水材料工业协会．种植屋面工程技术规程［M］．北京：中国建筑工业出版社，2007.

[38] Aad M P A, Suidan M T, Shuster W D. Modeling techniques of best management practices: rain barrels and rain gardens using EPA SWMM-5［J］. Journal of Hydrologic Engineering, 2009, 15（6）: 434-443.

［39］Brattebo B O，Booth D B. Long-term stormwater quantity and quality performance ofpermeable pavement systems ［J］. Water Research，2003，37（18）：4369-7436.

［40］汪慧贞，刘宏宇. 城区雨水渗透设施计算新方法 ［J］. 给水排水，2004，30（1）：34-37.

［41］罗红梅，车伍，李俊奇，等. 雨水花园在雨洪控制与利用中的应用 ［J］. 中国给水排水，2008，24（6）：48-52.

［42］向璐璐，李俊奇，邝诺，等. 雨水花园设计方法探析 ［J］. 给水排水，2008，34（6）：47-51.

［43］卫宝立. 基于 RS/GIS 的滨州市城区土地利用变化及其水文效应研究 ［D］. 青岛：中国海洋大学. 2019.

［44］舒晓娟，陈洋波，黄锋华，等. PEST 在 WetSpa 分布式水文模型参数率定中的应用 ［J］. 水文，2009（05）：45-49.

［45］王友生. 北京山区典型小流域土地利用/森林覆被变化的水文生态响应研究 ［D］. 北京：北京林业大学，2013.

第6章　黄河三角洲湿地保护与修复

黄河口是中华民族母亲河——黄河的入海口，黄河三角洲湿地是全球新生河口湿地的典型代表，是世界范围内河口湿地生态系统形成、发育和演化的"天然记录器"，具有河口湿地生态系统的原真性、完整性和典型性。黄河三角洲融合黄河、海洋、陆地三大要素，其资源禀赋和生态功能，具有全球性保护价值和国家代表性，已列入国际重要湿地名录，并被列为中国黄（渤）海候鸟栖息地（二期）世界自然遗产提名地。黄河三角洲面积变化剧烈，地理环境独特，各生态因子间相互影响，物质能量交换剧烈[1]。

2021年10月19日，国家公园管理局批复同意开展黄河口国家公园创建工作。划定的黄河口国家公园范围3523km²，全部位于东营市河口区、垦利区境内，其中陆域面积1371km²，海域面积2152km²；同时，还划定国家公园核心保护区面积1841km²，占总面积的52.26%；一般控制区面积1682km²，占总面积的47.74%。

黄河口国家公园范围划定以确保黄河口区域"河–陆–滩–海"生态系统原真性和完整性得到有效保护为目标[2]，根据黄河入海流路、水沙关系、变化趋势和陆海地质演变规律，以山东黄河三角洲国家级自然保护区、山东黄河三角洲国家地质公园、山东黄河口国家森林公园、山东东营河口浅海贝类海洋特别保护区、山东东营利津国家级底栖鱼类生态海洋特别保护区、山东黄河口半滑舌鳎国家级水产种质资源保护区、山东黄河口生态国家级海洋特别保护区和山东莱州湾蛏类生态国家级海洋特别保护区为主体，将黄河口区域海洋生物的重要产卵场和孵育场等生态价值较高的区域纳入黄河口国家公园范围。

黄河三角洲湿地是国家公园的重要组成部分，是淡咸水交互剧烈的河口滨海湿地。是中国暖温带区域保存最完整、最年轻、最广阔的湿地生态系统，独特的地形地貌和自然条件，拥有种类丰富湿地动植物资源，提供重要调节气候、蓄洪防旱等生态系统服务功能，有重要的生态保护价值[3,4]。

黄河三角洲湿地有淡水浮游植物有291种、海洋浮游植物有116种、自然分布的野生维管束植物有195种、鱼类有197种、哺乳动物有26种、野生鸟类有296种等；在296种鸟类中，属于国家Ⅰ级保护鸟类有白头鹤、丹顶鹤、东方白鹳、大鸨、金雕、白尾海雕、中华秋沙鸭、遗鸥等，属于国家Ⅱ级保护鸟类有灰鹤、鸳鸯、大天鹅等[5]。在《中日两国政府保护鸟类及栖息环境协定》所列的227种鸟类中，保护区内有155种，占据总数的68.3%；在《中澳两国政府保护候鸟协定》所列 84 种鸟类中, 保护区内有 53 种, 占据总数的 65.4%。独特的地理位置决定了其物种繁多、生态系统类型复杂多样的特点, 是中国和世界上鸟类保护的重要基地, 是开展鸟类保护、科研活动、监测环境污染的重要场所。

20 世纪 90 年代以来, 黄河流域天然降雨量明显减少, 黄河流域工农业用水和居民生活用水日益增加, 造成黄河下游水量减少, 枯水期增长, 湿地生态用水短缺, 导致湿地生态系统不断退化[6]。黄河三角洲湿地人为活动干扰严重, 湿地植被类型单一, 植被群落的各种指标均较低[7]。现代黄河三角洲区域由于成陆时间短、潜水位高、矿化度大、蒸发强烈等原因, 使该地区的土壤盐分含量高, 原生盐碱、次生盐渍化日趋严重[8]。黄河调水调沙以来, 入海水沙特征由 "水少沙多" 向 "枯水少沙" 转变[9], 入海水沙的减少打破了黄河三角洲湿地的水量平衡、水沙平衡和水盐平衡, 阻碍了湿地与河流间的侧向水文连通过程[10], 直接导致淡水湿地干涸和萎缩[11]。工农业污染、围海造地导致湿地环境受到污染, 湿地面积锐减, 湿地水土质量也受到严重。不断增强的人类社会影响增加了黄河三角洲湿地脆弱性和不稳定性, 减弱了抗击自然灾害能力, 使脆弱的黄河三角洲湿地生态系统更加敏感, 进一步呈现出湿地资源演变的多样性、复杂性、空间差异性[12]。

黄河三角洲湿地是一个自然、社会、经济三者复合的生态系统。对湿地生态环境敏感性进行评估, 对潜在的风险进行科学预测, 建立预警机制, 提出前瞻性的保护修复策略, 是黄河三角洲湿地可持续发展的基础。

6.1　黄河三角洲湿地自然条件

6.1.1　地理位置

山东黄河三角洲湿地于东营市垦利县黄河入海口处, 东面紧靠莱州湾, 北面毗邻渤海, 地理坐标在东经 118°32.981′~119°20.450′, 北纬 37°34.768′~38°12.310′, 总面积 15.3 万 hm²。湿地为现行黄河入海口两侧 (黄河口、大汶流) 部分。

6.1.2　地形地貌

山东黄河三角洲湿地区域的地形地貌直接受近现代黄河入海口迁移演变的控制, 该区域地形地貌形态复杂、类型多样。1855 年后, 黄河在山东省垦利县附近冲积成河口三角洲, 主体部分位于东营市境内的扇状三角形的地区, 地势平坦, 海拔高度在 10m 以下。黄河三角洲是一典型河口区扇形三角洲, 地势上西南位置高, 东北部位置低, 高程 1~13m, 自然比降 1/12000~1/8000。黄河三角洲地区复杂的地形、地貌主要是由新堆积体的形成以及以前老堆积体的不断反复淤淀造成的，其主要的地貌类型有平地、洼地、滨海低地、河滩地、河滩高地、河流故道湿洼地以及蚀余冲积岛和贝壳堤（岛）等[13]。黄河的改道、堤坝的修建、农业的垦殖、工业的城建、石油资源的开采、化肥的使用等工农业生产建设活动，不断地对该区域的微地貌地形进行改变，但其基本框架结构仍可清晰分辨。

6.1.3　气候气象

黄河三角洲湿地位于北半球中纬度地区，濒临莱州湾、渤海，受亚欧大陆和西太平洋的共同作用，属温带大陆性季风气候，冬寒夏热，四季分明，雨热同季，年降水量分布不均，冷热干湿界限明显[14]，霜冻、干热风、大风、冰雹、干旱、涝灾、风暴潮灾等气象灾害时有发生。地处中国东部沿海季风盛行区，以东南风、东南偏南风为主导风向。保护区内历年太阳总辐射量平均为 5364.0MJ/m²。一年中 5 月份最高，太阳总辐射 652.7MJ/m²，12 月份最低，太阳总辐射为 246.9MJ/m²。年平均气温 12.60℃，一年中 7 月份温度最高，月平均气温为 29.45℃，1 月份温度最低，月平均气温为-3.05℃，气温平均年较差为 32.05℃，无霜期 210 天。降水年际变化大且蒸发量大，季节分配不均，形成了"春旱、夏涝、晚秋又旱"的气候特点。依据垦利县气象站资料，年平均降水量为 532.6mm，日照较长，空气干燥，年均蒸发量 1860.9mm，年蒸发量大于年降水量，是降水量的 3.5 倍。

6.1.4　水文条件

黄河东营段起自滨州地界，从西南向东北贯穿整个东营市，全长 138km，在垦利县东北部流入渤海，为黄河口三角洲湿地提供了丰富的客水资源。此外，黄河三角洲境内主要通海河道有刁口流路黄河故道、小岛河、挑河、二河、三河、红旗沟、张镇河、垦东干渠等较为重要的排泄河道[15]。随着流域地下水开采、坝库蒸发、梯田建设和林草植被的改善等，黄河的河川径流量仍在减少。2000～2018 年，在流域降水量略偏丰情况下（偏丰 1.6%），花园口断面天然径流量只有 463 亿 m³/a[16]，进入黄河三角洲的水量有减少的趋势[17,18]，黄河水具有径流量年际变动大，年内分配不均匀，水中含沙量大的特点[16]。据利津水文站 1951～2013 年实测资料，年平均径流量为 302.45×10⁸m³，据黄河三门峡站多年平均（1956～2000 年）实测输沙量 11.4×108t，是世界上输沙量最大的河流[19]。黄河三角洲 90%以上地区地下水为咸水、微咸水，地下水矿化度较高，地下咸水埋深一般为 2～5m，靠近滨海地带小于 1m，该地区的地下水除小范围内分布着浅层微咸水外，几乎全为咸水。

6.1.5　生物资源

黄河三角洲独特的自然区位优势、环境优势，孕育了大量的动植物资源，是众多国家级保护鸟类重要的停歇中转地、越冬繁殖地和生境栖息地。据相关研究统计，自然保护区共有各种植物 685 种，其中淡水浮游植物 8 门、41 科、97 属，共计 291 种；海洋浮游植物 4 门，116 种；自然分布维管束植物 46 科、128 属、195 种，其中蕨类植物 1 科、1 属、2 种，裸子植物 2 科、2 属、2 种，被子植物43 科、125 属、191 种。栽培植物 26 科、63 属、83 种[20]。植物区系的温带性质明显，种类单调，结构简单，草本植物占绝对优势，盐生植物丰富。自然保护区内各种野生动物共有 1626 种，具有相当丰富的动物资源。

6.2　经济社会

6.2.1　人口数量

参考《东营市统计年鉴》，截至 2016 年，黄河三角洲湿地范围内居住的人口数量为 1135 人。有 987 人在黄河口管理站范围内，其中，非农业户口 132 人，农业场圃户口 155 人，附近种地户口 500 人，油田孤东二十四队 50 人，孤东七十四队及孤东十三队约 150 人；在大汶流管理站范围内有 148 人，其中，管理站68 人，油田孤东采油厂 30 人，孤东二十五队 50 人。

6.2.2　地方经济[21]

黄河三角洲湿地区域主要位于东营市垦利县境内，2015 年的全市生产总值（GDP）高达 3450.64 亿元，按照可比价格原则计算，比上年增长 6.9%。人均生产总值 163938 元，较去年增长 6.3%。其中，种植业、林业、牧业、渔业等以农业为第一产业的增加值达到 117.75 亿元，较去年增长 4.1%；以采掘工业、制造业、建筑业等工业为第二产业的增加值为 2230.61 亿元，较去年增长 6.6%；除第一、第二产业以外的第三产业的增加值为 1102.28 亿元，较去年增长 7.9%。一、二、三次产业结构所占比例为 3.4∶64.7∶31.9。

黄河三角洲冲积平原地区是传统的农业经济区，农业开发利用效果显著。2015 年粮食播种面积约为 240.89 万亩，比上年增长 10.5%；粮食总产量 99.84万吨，增长 6.7%。其中，夏粮播种面积 113.88 万亩，增长 21.4%；夏粮总产量 48.07 万吨，增长 17.2%；秋粮播种面积 127.01 万亩，增长 2.2%；秋粮总产量 51.77 万吨，下降 1.6%。棉花播种面积 127.99 万亩，下降 19.3%；棉花总产量 8.63 万吨，下降 25.3%。人均粮食占有量位居山东省前列，农业机械化水平较高。集约化程度低，农业产业仍处在以种植业为主的初级产品生产阶段，农作物单产水平低。

6.3　黄河三角洲湿地生态系统面临的主要问题

　　黄河三角洲是黄河河口流路不断改道摆动延伸淤积而成的新陆地，在河水流路走水的岸区明显淤进。1996 年至 2009 年期间黄河人工改道，河口区面积及岸线呈波动上升趋势，岸线平均延伸 0.85km/a，面积平均增长 6.9km²/a；至 2015 年，黄河入海口北岸上部有消减迹象，而南岸有所变长、变窄的现象。近 30 年来，黄河三角洲淤积速率明显减慢，整个黄河三角洲表现为不同程度的侵蚀。根据山东地矿局测算，1996 年以来黄河三角洲正以 7.6km²/a 的速度在蚀退。

　　土壤盐渍化。湿地土壤的次生盐渍化与地表缺水是造成各种生长植被、自然湿地退化为光滩湿地的重要原因。盐业生产大量抽取地下咸水、面水等原因使地表积水期缩短，地下水位下降，湿地土壤发生次化盐渍化。黄河三角洲约有 90% 的土壤属于不同程度的盐渍土范畴，其中原生盐渍土约占 70%，次生盐渍土约占 30%[22]。黄河三角洲重度退化土地主要分布在沿海滩涂地区，以氯化物型盐渍化土壤为主，土地退化严重；孤东油田，有较大面积的盐荒地分布，与石油开发和部分晒盐场有关；中度退化土地主要依海岸线分布在东部沿海以及区内的中部盐荒地，与重度退化土地相比，位置上离海岸线稍远，土壤全盐量稍低；轻度退化土地主要分布在黄河三角洲的中西部和北部的部分农用地[23]。地下水位高，潜水矿化度高，容易发生海水入侵，区域内土壤含盐量过高，一般为 0.6% ~ 3.0%，甚至更高；在三角洲湿地内，地下水除小范围内分布着浅层微咸水外，几乎全为咸水。地下咸水埋深一般 2 ~ 5m，近海地带小于 1m，易发生盐碱化。

　　风暴潮灾害。现代黄河三角洲风暴潮灾害的发生频率较古黄河三角洲时期有所增加，特大风暴潮灾害呈上升趋势。黄河三角洲风暴潮灾害取决于气象、地形和水文要素的综合效应：在气象因素制约下具有多发于初冬、春 4 月和台风期的季节特征；在地形因素制约下具有易发于东南风转东北风的天气特征；在水文因素制约下显示以近无潮点岸段为界，三角洲西、南两地成灾异时的特征。风暴潮灾害已成为黄河三角洲洪、涝、渍、旱、碱等多种灾害中危害最大的自然灾害，严重影响该地区的持续发展，特别是胜利油田油气资源的开发[24]。

　　环境风险依然存在。胜利油田地处黄河三角洲地带，是我国的第二大油田。石油开发对生态环境的影响主要包括占用土地，破坏生态环境；排放的生活污水、废水、废气、泥浆、污油等产生土壤环境污染、大气环境污染、地下水和地表水环境污染，石油污染已直接或间接造成该地区湿地生态系统严重退化[25]。在油气开采过程中如果处置措施不当，还会有溢油风险，三角洲湿地自身脆弱性明显，生态态统结构相对简单、成分单一、调节能力较弱，对环境变化和人类影响适性较差，且黄河三角洲湿地多为人类主要聚居区，受到人类活动影响强度持续增加。

生态系统多样性降低。生态入侵导致生态系统趋向简化，系统内能流和物流中断或不畅，系统自我调控能力减弱，生态系统稳定性和有序性降低。1990 年胜利油田从福建引进互花米草和大米草，栽种于东营市仙河镇五号枯附近滩涂，面积约化 0.0013km²，至 2007 年面积已经高达 5.7km²；1987 年在黄河口北部滩涂防潮堤外侧引种互花米草，1996 年达 3km²，2006 年互花米草退化[26]。人为侵占湿地，造成盐沼面积大幅减少；阻断潮汐，导致营养不足以及高度盐渍化，盐沼特有的植被群落消失，原生植被遭到破坏，自然演替序列发生中断，湿地生态系统发生快速陆向演替，物种组成和非生物环境因素等都变得与陆地生态系统更为接近；阻断潮沟，断绝了生物迁徙、鱼类洄游、营养交换、淡咸水交换、泥沙输运的通道，破坏栖息地，湿地的结构破坏、功能丧失[27]。

水土流失。水土流失包含土壤侵蚀与水的侵蚀两方面，土壤侵蚀是指地表物质在外营力水力、风力、重力等作用下发生的剥离、分散、破坏的移动过程。水土流失现象较明显的区域主要分布于河流流经的农田区域，且距离河流越近，水土流失越严重。与林草地相比，由于施肥、整地等农事活动和田间管理活动，无水土保持措施的耕地土壤结构差，人为干扰程度大，更易发生土壤侵蚀[28]。

水环境污染依然存在。黄河的改道、堤坝的修建、农业的垦殖、工业的城建、石油资源的开采、化肥的使用等工农业生产建设活动，在剧烈地改变着该区域的微地貌地形的同时也带来一系列的污染问题。有文献统计，黄河三角洲地区现在化肥使用量每年为 5.2 亿~5.5 亿 kg，其中氮素化肥约占 60%~70%，在蔬菜保护地栽培中，化肥使用量可达到每年 2000~2500kg/hm²[29]。化肥的大量使用会造成土壤板结、通透性差、耕性下降等一系列问题。利用山东黄河污染物中最具代表性的污染参数——氨氮浓度的变化（1993~2012 年连续 20 年的实测水质监测资料），对利津断面的水质状况进行趋势分析，以确定水质变化状况。黄河河口段——利津断面氨氮浓度变化趋势如图 6.1 所示。

1998~2012 年，黄河河口段氨氮变化趋势总体呈明显下降趋势，尽管期间氨氮浓度曾有起伏，但其总体发展趋势呈下降趋势，尤其是自 2003 年以来，氨氮下降变化趋势更加明显。

污染物输入总量与环境容量。污染物输入量以 2011 年利津水文站氨氮的入海总量为例，计算公式为：

$$M = \sum_{i=1}^{12} Q_i \times \rho_i (i = 1, 2, \cdots, 12) \tag{6.1}$$

式中，M 为污染物年输入总量，i 为月份，Q 为界面流量，ρ 为污染物浓度。计算结果如表 6.1 所示为氨氮入渤海的总量。

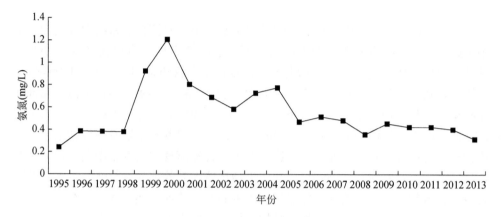

图 6.1　黄河口利津断面氨氮浓度变化

表 6.1　利津水文站氨氮入渤海总量

月份	1	2	3	4	5	6
断面流量（m³/s）	150.0	54.0	73.0	152.0	98.4	168.0
氨氮浓度（mg/L）	0.53	0.65	0.48	0.58	0.3	0.43
月份	7	8	9	10	11	12
断面流量（m³/s）	1230.0	468.0	346.0	1360.0	893.0	1530.0
氨氮浓度（mg/L）	0.56	0.36	0.4	0.17	0.13	0.22
总量（t）	5398.97					

　　由表 6.1 可知，黄河河口段水质年超标率变化呈明显下降趋势，尽管期间曾有小的起伏，但其变化趋势仍呈明显下降态势，超标变化趋势已不明显，这也充分表明黄河河口段的水质状况已呈现出明显的好转趋势。

　　水资源的不合理开发。黄河东营段起自滨州地界，从西南向东北贯穿整个东营市，全长 138km，在垦利县东北部流入渤海，为三角洲湿地提供了丰富的客水资源。由于经济、社会发展，受黄河流域引黄工程、水库调节工程以及土地利用方式的变化等因素的影响，黄河的径流发生了很大变化。20 世纪 50 年代黄河流域水利工程稀少，工农业耗用水量较少，黄河径流接近天然情况，利津站平均年径流量为 $476.9×10^8 m^3$，比多年平均偏多 51.5%；60~90 年代三门峡水库、刘家峡水库、龙羊峡水库等大中型水利工程建成运行及工农业需水量的渐增和同期降雨的偏少，导致进入下游的径流量减少。2000 年以后，小浪底水库建成运行，利津站平均年径流量仅 $159.17×10^8 m^3$。

黄河三角洲不仅具有丰富的动植物资源也蕴藏着丰富的油气资源。保护区内，胜利油田的部分油气资源区与其交叉严重。保护区内现有油气井 700 多口，涉及油田 11 个[30]。在石油的开采、试油、洗井、油井大修、堵水、松泵、下泵等井下作业和油气收集运输过程中，均会有原油洒落于地面，造成石油污染问题[31]。油田开发所导致的环境污染问题不容忽视，石油污染的加剧，不仅会影响环境的健康状态，对该区域重要的生物多样性的保护乃至整个湿地生态系统的质量都将造成破坏性的后果，不利于自然保护区的保护。

6.4 黄河三角洲湿地生态敏感性评价

欧阳志云等提出了生态环境敏感性的概念，定义为生态系统对自然环境变化和人类活动干扰的反映程度，敏感性的大小反映了区域发生生态环境问题的难易程度和可能性大小[32]，生态敏感性越高，生态环境越容易受外界因素的影响，生态敏感性结合多种环境影响因子是衡量生态环境问题与生态系统之间是否失衡的重要指标[33]，是反映生态系统稳定性的重要方式[34]。国务院西部地区开发领导小组办公室、国家环境保护总局于 2002 年在《生态功能区划暂行规程》中正式引用了这个概念，并明确规定了沙漠化敏感性、土壤侵蚀敏感性、石漠化敏感性、盐渍化敏感性、酸雨敏感性、生境敏感性等几类单因素生态环境敏感性的概念，以及各类敏感性评价需要选取的指标、评价标准和评价方法[35]。2015 年修订的《生态功能区划暂行规程》，对每一类生态敏感性问题，选择一些具有可获取性、易于评价且能够量化的指标来作为生态环境敏感性评价的评价因子，结合层次分析法以定量分析为主、定性为辅的分析方法，并借助于"3S"技术手段来进行生态环境敏感性的综合分析。

6.4.1 生态敏感性评价内容、评价方法与数据来源

按照《生态功能区划暂行规程》，依据黄河三角洲湿地自然地理条件和存在的主要问题，确定特定的生态环境问题，确定影响湿地生态敏感性的主要环境问题为土壤盐碱化敏感性、水土流失敏感性、生境敏感性。

1. 评价内容

黄河三角洲湿地生态敏感性评价应根据主要生态环境问题的形成机制，分析生态环境敏感性的区域分异规律，明确特定生态环境问题可能发生的地区范围与可能程度。敏感性评价首先针对特定生态环境问题进行评价，然后对多种生态环境问题的敏感性进行综合分析，明确区域生态环境敏感性的分布特征。按照《生态功能区划暂行规程》要求，分别对土壤盐碱化敏感性、水土流失敏感性和生境

敏感性进行评价，依据评价结果对黄河三角洲湿地生态敏感性进行综合分析。

土壤盐渍化敏感性：土壤发生盐渍化的可能性大小，其敏感性评价主要是评价不同区域发生土壤盐渍化的难易程度。黄河三角洲湿地位于海陆交互的过渡地带，活跃的人类活动和地下水补给，海岸带环境，使得该地区的盐渍化较为普遍。

水土流失敏感性：揭示区域生态系统潜在水土流失风险的重要指标[36]，可以根据区域地貌、土层厚度以及植被覆盖度等进行评价。水土流失敏感性评价主要是为了判断区域容易产生土壤侵蚀的可能性大小，进而针对性地采取保护措施，不同降水强度、土壤类型、地形植被覆盖状况下，土壤侵蚀的发生概率也不同。

生境敏感性：生境是指生物个体、种群或群落生活地域的环境，包括必需的生存条件和其他对生物起作用的生态因素。生境作为生物栖息的空间，影响了生物的生长、发育，决定生物种内、间竞争强度和食物链的特征，控制了生物的繁衍[37]。生境对于人类的活动极其敏感。近年来，随着全球生态环境的不断恶化，物种的灭绝速度也在加快，物种灭绝的一个重要原因就是生境与栖息地的破坏与丧失[38]。生境敏感性是指重要物种的栖息地对人类活动的敏感程度。分析和评价生物栖息地的敏感性程度，制定合理有效的生物多样性保护措施是当前和今后很长一个时期内所面临的迫切任务。

2. 评价方法

运用遥感和地理信息技术进行敏感性评价是生态系统状况评价的主要方法，实现了从简单的定性分析和现象描述到长时间序列和多维空间尺度定量分析的转变[39,40]。基于地理信息系统（GIS）的生态环境敏感性评价以地图叠加显示的方式，在数据准确充足的前提下可以准确直观地模拟现状，该方法在环境评价中广泛使用。国外学者 Steive 提出，通过将生态适宜性分析中的地图进行叠加法改进，形成生态环境敏感性模型，该模型较地图叠加法具备更高的实用价值[41]。

层次分析法是 20 世纪 70 年代由美国运筹学家 T. L. Saaty 提出的，经过多年的发展成为一种较为成熟的方法。基本原理是将一个复杂问题看成一个系统，根据系统内部因素之间的隶属关系，将一个复杂问题的各种要素转化为有条理的有序层次，并以同一层次的各种要素按照上一层要素为准则，构造判断矩阵，进行两两判断比较，计算出各要素的权重。层次分析法是一种系统化、层次化、定性定量相结合的分析方法，被广泛运用于指标权重计算。根据综合权重按最大权重原则确定最优方案，得到方案或目标相对重要性的定量化描述。它是在简单加性加权法的基础上推导得出的 Aupetita 等在 Saaty 的研究基础上，进一步明确对判断矩阵进行一致性检验的问题。

3. 数据来源

土壤数据来源：本章所用的土壤质地、土壤类型数据等均来自世界和谐土壤数据库（HWSD），2009 年 3 月该数据库 1.1 版本正式发布，数据为栅格格式，采用 WGS84 坐标投影，分辨率为 1km，数据库下载自国家青藏高原科学数据中心（http://data.tpdc.ac.cn/），用于计算土壤可蚀性因子和土壤渗流能力因子。

高程与坡度数据：选用 30m×30m 空间分辨率数字高程数据，数据来源于地理空间数据云（http://www.gscloud.cn）。将 DEM 数据进行投影转换至 WGS84，根据黄河三角洲湿地范围进行裁剪，得到 DEM 数据，依据 DEM 数据计算坡度数据。

植被覆盖数据：植被覆盖数据遥感估算方法由归一化植被指数（NDVI）表示，在 Envi5.1 软件中对五个时间节点的遥感影像数据进行辐射定标、大气校正、镶嵌、融合、裁剪等预处理操作，通过像元二分模型计算得出黄河三角洲湿地 NDVI 值，计算得出植被覆盖度（VFC）。

土地/覆被利用数据：土地利用/覆被变化数据均来自中国科学院资源环境科学数据中心（http://www.resdc.cn/），数据集为 1980 年、1990 年、2000 年、2010 年和 2015 年土地利用矢量数据，土地类型包含 6 个一级地类和 22 个二级地类。经检验，各地类分类精度大于 92%，分类精度满足精度要求。

6.4.2　黄河三角洲单因子生态敏感性评价

借助 ArcGIS 工具对土壤盐碱化敏感性、水土流失敏感性、生境敏感性各指标划定生态敏感性分布图，具体步骤以土壤盐碱化敏感性评价为例：

①根据已获得的数据建立 ArcGIS 黄河三角洲湿地土壤含盐量图层、潜水埋藏深度图层、地下水矿化度图层及对应的属性表。

②用 ArcGIS 的空间分析工具按照分级标准进行重分类，用栅格计算器工具进行加权叠加分析，利用 YAAHP 软件计算因子权重。

③根据划分标准，利用 ArcGIS 的空间分析工具中转换工具将黄河三角洲湿地土壤盐碱化敏感性划分为极敏感性区域、高度敏感性区域及中度敏感性区域，轻度敏感性区域不敏感性区域。

④运用层次分析法建立单因子生态敏感性评价指标体系，运用层次分析法进行单因子生态敏感性评价。

1. 土壤盐碱化敏感性评价

土壤盐碱化是指土壤含盐量太高（超过 0.3%），农作物低产或不能生长。形成盐碱土要有两个条件：一是气候干旱和地下水位高（高于临界水位）；另一是地势低洼，没有排水出路。地下水都含有一定的盐分，如其水面接近地面，而该地区又比较干旱，由于毛细作用上升到地表的水蒸发后，便留下盐分，日积月累，土壤含盐量逐渐增加，形成盐碱土。

土壤盐碱化形成是一定的水文、气候、土壤、地形地质等自然因素引起的。根据《生态功能区划暂行规程》中土壤盐碱化敏感性评价指标体系的要求，结合研究区域数据可获取性，选取土壤盐分含量、潜水埋藏深度、地下水矿化度作为湿地土壤盐碱化敏感性评价因子，以2004年黄河三角洲湿地土壤盐分含量、潜水埋藏深度、地下水矿化度（1∶20万）为底图，确定黄河三角洲湿地土壤盐碱化敏感性评价指标和分级标准，如表6.2所示。

表6.2　黄河三角洲湿地土壤盐碱化敏感性评价指标和分级标准

分级	不敏感	轻度敏感	中度敏感	高度敏感	极敏感
土壤含盐量（%）	河流	0 ~ 0.1	0.1 ~ 0.3	0.3 ~ 0.4	>0.4
潜水埋藏深度（m）	3 ~ 5	2 ~ 3	1 ~ 2	<1	0
地下水矿化度（g/L）	0	2 ~ 5	5 ~ 10	10 ~ 30	>30
分级赋值	1	3	5	7	9

（1）土壤含盐量敏感性分布

黄河三角洲湿地处陆海交错区，土壤盐度大于2。土壤含盐量最低处位于黄河河道内等淡水区域，最高处位于东部靠近滨海沿岸。按照土壤盐碱化分级标准，如表6.2所示，三角洲湿地土壤含盐量划分为5级：大于0.4为极敏感，0.3 ~ 0.4为高度敏感，0.1 ~ 0.3为中度敏感，0 ~ 0.1为轻度敏感，河流为不敏感。根据划分标准按敏感性程度分别赋值9、7、5、3、1。

（2）潜水埋藏深度敏感性分布

在潜水埋深较小时，土壤质地较粗且偏砂性土壤的潜水蒸发较强烈，地下水矿化度高，土壤的盐碱化趋势就越明显[42]。黄河三角洲湿地内潜水埋藏深度为0 ~ 5m，埋藏深度最低为0，是暴露在大气中的河流等淡水区域，暴露在空气中极易蒸发；最大为5m，位于湿地西部的部分地区，将处理后的湿地潜水埋藏深度划分为5级：0m为极敏感，小于1m为高度敏感，1 ~ 2m为中度敏感，2 ~ 3m为轻度敏感，3 ~ 5m为不敏感。按敏感性程度分别赋值9、7、5、3、1。

（3）地下水矿化度

一个地区的地下水矿化度越高说明水中含盐量越高，越不利于植被的生长。黄河三角洲湿地内河流等淡水区域矿化度最小值为0，最大矿化度大于30g/L，位于东部滨海沿岸。根据该区地下水矿化度对湿地区域生态环境的影响，结合盐碱化敏感性评价标准和现状数据资料，将地下水矿化度划分为5级：0度为不敏感，2～5 度为轻度敏感，5～10 度为中度敏感，10～30 度为高度敏感，大于 30 度为极敏感。按照敏感性程度分别赋值 1、3、5、7、9。

（4）权重的确定

层次分析法是一种定性与定量评价相结合的综合性评价方法，具有系统性、逻辑性、实用性与简洁性的特点，较为成熟，应用频率高[43,44]。采用层次分析法确定各生态敏感因子权重。采用 1～9 标度法，按照表 6.3 构建土壤盐碱化敏感性因子判断矩阵，求出判断矩阵的最大特征根及其所对应的特征向量，该向量的分量就是本层各参评因素的权重。

表 6.3　土壤盐碱化敏感性因子判断矩阵

判断矩阵	土壤含盐量	潜水埋藏深度	地下水矿化度
土壤含盐量	1	1	1/3
潜水埋藏深度	1	1	1/3
地下水矿化度	3	3	1

计算权重，利用 YAAHP 软件得出土壤盐碱化敏感性因子判断矩阵的最大特征根 λ 为 3.00，一致性比例为 0.00，小于 0.100，满足一致性要求。表 6.4 为黄河三角洲湿地土壤盐碱化敏感性因子指标权重。

表 6.4　土壤盐碱化敏感性因子指标权重

敏感因子	土壤含盐量	潜水埋藏深度	地下水矿化度
指标权重	0.2	0.2	0.6

（5）土壤盐碱化敏感性分布

根据各生态敏感性因子的敏感值及权重，利用加权求和法对黄河三角洲湿地土壤盐碱化进行生态敏感性综合评价。生态敏感性综合指数的计算公式如下：

$$I_{\text{sen}} = \sum_{i=1}^{5} V_i \cdot W_i \quad (i = 1,2,3,4,5) \tag{6.2}$$

式中，I_{sen} 为生态敏感性综合指数，V_i、W_i 为第 i 个敏感性指标对应的权重和赋值。

利用 ArcGIS 空间分析模块中的栅格计算工具，将各单因子按照所设定的评价标准进行生态敏感性分级，利用加权叠加法对各单因子图层进行叠加，采用自然断点法（natural breaks 是利用统计学的 Jenk 最优法得出的分界点，能使各级的内部方差之和最小[45]）分类，得到黄河三角洲湿地盐碱化敏感性分布图。经计算，黄河三角洲湿地土壤盐碱化敏感性综合分值在 1.4～8.6 之间，根据自然断点分类的结果，将综合敏感性等级分为 5 个等级：不敏感区、轻度敏感区、中度敏感区、高度敏感区、极敏感区[35]。表 6.5 为土壤盐碱化敏感性分级表。

表 6.5 黄河三角洲湿地土壤盐碱化敏感性分级表

敏感性等级	评级指数	面积（km²）	比例（%）
不敏感区	1.4~3.4	73.32	7.8
轻度敏感区	3.4~5.0	53.58	5.7
中度敏感区	5.0~6.2	117.5	12.5
高度敏感区	6.2~7.8	166.38	17.7
极敏感区	7.8~8.6	529.22	56.3

结果表明，不敏感区仅占三角洲湿地面积的 7.8%、轻度敏感区占 5.7%、中度敏感区占 12.5%、高度敏感区占 17.7%、极敏感区占 56.3%；高度及以上敏感性占 74%，主要分布在黄河三角洲湿地的中东部，从西到东敏感性呈现逐渐递增的趋势。土壤盐碱化敏感性分布结果是天然地理因素所导致的，越靠近海滨，盐碱化敏感性越强烈。

2. 水土流失敏感性评价

水土流失敏感性体现了某地区产生生态失衡与水土流失概率的大小[46]。水土流失形成和发展与地理地质条件紧密相关，是植被覆盖率、地形特征、降雨模式、土地利用方式、岩石和土壤类型等多种因素相互作用的综合体现，评价水土流失潜在可能性和范围，对于建立区域水土保持措施、区域土地利用的合理规划、生态环境的保护与修复等至关重要[47]。影响黄河三角洲湿地水土流失的自然和人为因素为：降雨侵蚀力指标、土壤质地因子、地表植被类型和植被覆盖度。

根据《生态功能区划技术暂行规程》，参照《土壤侵蚀分类分级标准》（SL 190——2007），水土流失敏感性等级指标如表 6.6 所示，对黄河三角洲湿地水土流失程度进行敏感性分级。

表 6.6 黄河三角洲湿地水土流失敏感性评价指标和分级标准

分级	不敏感	轻度敏感	中度敏感	高度敏感	极敏感
降雨侵蚀力 [MJ·mm/（hm²·h·a）]	<25	25~100	100~400	400~600	>600
土壤质地	砂砾、沙	粗砂土、细砂土、黏土	面砂土、壤土	砂质壤土、粉黏土、壤黏土	砂粉土、粉土

续表

分级	不敏感	轻度敏感	中度敏感	高度敏感	极敏感
植被类型	水体、水田、水库、坑塘	草本沼泽	稀疏灌木草原、灌木沼泽、人工林	海滩、沙岛	裸地、盐碱地
植被覆盖度（％）	>85	85~60	60~35	35~15	<15
分级赋值	1	3	5	7	9

（1）降雨侵蚀力

降雨是区域水土流失的主要自然驱动因素[48]，雨滴的击溅和地表径流的冲刷是造成严重水土流失的主要原因[49]。评价某一区域降雨引起土壤潜在侵蚀能力的一个重要参数就是降雨侵蚀力，一般来说降雨侵蚀力越大，水土流失状况越严重，越容易敏感。降雨侵蚀力计算方法众多，考虑到数据的可获得性，利用 Wischmeier 公式计算降雨侵蚀力：

$$R = \sum_{i=1}^{12} 1.735 \times 10^{1.5[\lg(p_i^2/p)] - 0.8188} \tag{6.3}$$

式中，R 为区域多年降雨侵蚀力 [MJ·mm/（hm²·h·a）]；p_i 为各月平均降水量（mm）；p 为年均降雨量（mm）。根据收集到的黄河三角洲自然保护区 1995~2012 年降雨量及月均降雨量代入式（6.3）计算降雨侵蚀力。黄河三角洲湿地空间尺度较小，降雨侵蚀力空间变异较小，计算出的 R 作为整个黄河三角洲湿地年降雨侵蚀力。经计算，R 处于 100~400 之间，属于中度敏感。

（2）土壤质地

水土流失发生的主体是土壤。研究表明，土壤质地越黏重，其稳定性越好，敏感程度越低；土壤质地越砂，越不稳定，敏感程度也越高[50]。根据东营市土地资源调查办公室 1986 年 1:20 万土壤图对东营市土壤分类的研究表明，黄河三角洲湿地土壤以潜育盐土、盐积冲积土和石灰性冲积土为主，其次为石灰性始成土和潜育始成土，钙积变性土和雏形石灰性冲积土面积较小，人为土和潜育石灰性冲积土面积最小。不同地形下，人为土主要分布在平地、潜育盐土主要分布在平地和滩涂地、盐积冲积土主要分布在平地、雏形石灰性冲积土主要分布在平地、潜育石灰性冲积土主要分布在平地和低洼地、石灰性冲积土主要分布在平地、钙积变性土主要分布在河成高地、潜育始成土主要分布在平地、石灰性始成土主要分布在岗阶地。因此，根据黄河三角洲湿地土壤质地分布状况将其湿地土壤质地划分为 5 级：河滩沙地为极敏感，砂质壤土为高度敏感，黏土为中度敏感，轻壤为轻度敏感，中壤为不敏感。按敏感性程度分别赋值 9、7、5、3、1。

（3）植被类型

植被通过对降雨的直接作用来抑制水土流失的发生，乔灌林主要是通过林冠层对降雨进行截流，进而削减降雨动能来防止水蚀的发生；草本植物等主要是通过改善地表土壤结构，减少雨滴击溅以及促进水分的入渗来抑制水土流失的发生[51-53]。在植被类型与水土保持功能关系中，乔木、灌木、草植被类型的水土保持功能相对人工控制的农田生态系统要好[54]，人工草地的抗侵蚀能力低于天然草地，因此根据黄河三角洲湿地区的植被类型分布状况划分水土流失敏感性。

（4）植被覆盖度

植被覆盖度是影响土壤流失的主要影响因素，植被覆盖不仅可以降低雨滴直击地面的动能，保护土壤结构免受破坏，还能增加水分的入渗和吸收，减少地表径流的产生[55]。植被通过降雨的削减作用、保水作用和抗侵蚀作用防止水土流失[56]。植被覆盖度达到 75% 以上时，可以有效地避免水土流失现象的发生[57]。归一化植被指数（NDVI）与植被覆盖度间存在显著的正相关关系。基于 2015 年黄河三角洲湿地 TM 遥感影像，通过不同的波段组合计算植被归一化指数。利用式（6.4），根据水土流失敏感性划分标准进行等级划分。

$$FC = (NDVI - NDVI_{min}) / (NDVI_{max} - NDVI_{min}) \tag{6.4}$$

式中，NDVI 为植被归一化指数；$NDVI_{max}$ 和 $NDVI_{min}$ 分别为区域内最大和最小的 NDVI 值；FC 表示植被覆盖度。

（5）构建水土流失敏感性判断矩阵

构建水土流失敏感性判断矩阵方法与土壤盐碱化敏感性判断矩阵的构建方法相同，结果如表 6.7 所示。

表 6.7　黄河三角洲湿地水土流失敏感性因子判断矩阵

判断矩阵	降雨侵蚀力	土壤因子	植被类型	植被覆盖度
降雨侵蚀力	1	3	1	1
土壤因子	1/3	1	1/3	1/3
植被类型	1	3	1	1
植被覆盖度	1	3	1	1

（6）权重计算

利用 YAAHP 软件得出水土流失敏感性因子判断矩阵的最大特征根 λ 为 4，一致性比例为 0.000，小于 0.100，满足一致性要求。表 6.8 为黄河三角洲湿地水土流失敏感性因子指标权重。

表6.8　黄河三角洲湿地水土流失敏感性因子指标权重

敏感因子	降雨侵蚀力	土壤因子	植被类型	植被覆盖度
指标权重	0.3	0.1	0.3	0.3

（7）水土流失敏感性分布

利用 ArcGIS 空间分析模块中的栅格计算工具进行分析与计算，黄河三角洲湿地水土流失敏感性综合分值在 2.6~7.2 之间，根据自然断点分类的结果，将水土流失敏感性等级分为不敏感、轻度敏感、中度敏感、高度敏感、极敏感 5 个等级。表6.9 为水土流失敏感性分级表。

表6.9　黄河三角洲湿地水土流失敏感性分级表

敏感性等级	评级指数	面积（km²）	比例
不敏感区	2.6~3.4	10.34	1.1%
轻度敏感区	3.4~4.0	93.06	9.9%
中度敏感区	4.0~4.6	186.12	19.8%
高度敏感区	4.6~5.6	284.82	30.3%
极敏感区	5.6~7.2	365.66	38.9%

结果表明，不敏感区仅占 1.1%、轻度敏感区占 9.9%、中度敏感区占 19.8%、高度敏感区占 30.3%、极敏感区占 38.9%；湿地区域水土流失敏感性较高，高度及以上敏感区占了近 70%，分布在湿地区域的中东部。同时，湿地西部地区水土流失敏感性也很高，发生水土流失的概率大，从西到东敏感性呈现逐渐递增的趋势。黄河三角洲湿地全年降雨不多，主要集中在夏季，土壤稳定性差，越靠近海滨越不稳固，且中东部地区植被较少，不利于形成稳定的土壤层，一旦遇到强降雨、强径流等因素发生水土流失的概率大大增加。

3. 生境敏感性评价

生境敏感性评价的主要方法是参照国家环境保护总局发布的《生态功能区划技术暂行规程》中生境物种丰富度（即根据评价地内区国家级保护对象的分布情况）进行评价。但就实际情况而言，各级别的保护物种很难落实到具体空间中，而物种多样性很大程度上反映在其赖以生存的生态系统类型中。植被所保存的基因库是生物多样性保护的核心，是自然环境中最敏感的要素，是保护生物多样性的基础[58]。土地利用变化是人类活动与自然环境相互作用的产物，影响着生态系统的物质与能量流动[59,60]，是导致生境质量下降以及生物多样性丧失的主要因素[61,62]。植被覆盖度高的地方比覆盖度低的地方易于更多的生物生存，而人类利用资源时直接或间接造成的破坏植被覆盖度降低，导致生态环境恶化、生物栖息地遭到破坏。对于黄河三角洲湿地生境敏感性评价，选取土地利用、植被覆盖度、重要生物栖息地作为主要影响因子。生境敏感性评价指标和分级标准如表6.10所示。

表 6.10　黄河三角洲湿地生境敏感性评价指标和分级标准

分级	不敏感	轻度敏感	中度敏感	高度敏感	极敏感
土地利用	盐碱地、建设用地	旱地	农业用地	滩涂、草地（天然、人工）	林地、水域、库塘
植被覆盖度（%）	60	45~60	30~45	10~30	10
重要生物栖息地	一般生物栖息地	鱼类栖息地	其他鸟类栖息地	天鹅类栖息地	鹤类栖息地
分级赋值	1	3	5	7	9

(1) 土地利用现状

土地利用变化是人类活动对土地利用类型及空间格局的改变过程，是导致生境变化的主要原因[63]。利用黄河三角洲自然保护区管理局提供的 2010 年自然保护区土地利用现状图，根据该区土地利用方式特点及生态敏感性相关概念，将生态环境敏感性等级分为 5 级：林地、水域、库塘为极敏感，滩涂、草地（天然、人工）为高度敏感，农业用地为中度敏感，旱地为轻度敏感，盐碱地、建设用地为不敏感。同时按敏感性程度分别赋值 9、7、5、3、1。

(2) 植被覆盖度

植被覆盖度是描述生态系统的重要基础数据，对揭示地表植被变化及植被动态变化趋势，分析区域生态环境具有重要的现实意义[64]。植被覆盖度越高，生态系统抵抗人类干扰能力越强，越稳定，反之越弱。按照植被覆盖度敏感性强弱划分标准，将 2016 年 7 月的 Landsat8 遥感图件经 ArcGIS 处理后，按照植被覆盖度从低到高划分五级：小于 0.100 为极敏感，0.100~0.300 为高度敏感，0.300~0.450 为中度敏感，0.450~0.600 为轻度敏感，0.600~1.00 为不敏感，并依次赋值 1、3、5、7、9。

(3) 重要生物栖息地

新生湿地生态系统和珍稀濒危鸟类是黄河三角洲湿地的主要保护对象[65]。黄河三角洲湿地内的 193 种鱼类中有 6 种海洋性水生动物和 3 种淡水鱼类属国家重点保护动物。296 种鸟类中，属国家 I 级保护的有丹顶鹤、白头鹤等 10 种，属国家 II 级保护级别的有灰鹤、大天鹅等 49 种[66]。根据保护区的性质及生物多样性保护重要地区评价中的要求将重要生物栖息地分为 5 种：鹤类栖息地为极敏感，天鹅类栖息地为高度敏感，其他鸟类栖息地（黑嘴鸥、小杓鹬）为中度敏感，鱼类栖息地（洄游性、定居性）为轻度敏感，一般生物栖息地为不敏感，按敏感性程度分别赋值 9、7、5、3。考虑到黄河三角洲生物栖息地功能十分重要，因此不划分不敏感区。

（4）构建生境敏感性判断矩阵

构建生境敏感性判断矩阵方法同上。生境敏感性因子判断矩阵构建结果如表 6.11 所示。

表 6.11　生境敏感性因子判断矩阵

判断矩阵	土地利用现状	植被覆盖度	重要生物栖息地
土地利用现状	1	1/3	1/3
植被覆盖度	3	1	1
重要生物栖息地	3	1	1

（5）确定权重

利用 YAAHP 软件得出生境敏感性因子判断矩阵的最大特征根 λ 为 3，一致性比例为 0.000，小于 0.100，满足一致性要求。表 6.12 为黄河三角洲湿地生境敏感性因子指标权重。

表 6.12　生境敏感性因子指标权重

敏感因子	土地利用现状	植被覆盖度	重要生物栖息地
指标权重	0.1429	0.4286	0.4286

（6）生境敏感性分布

将生境敏感性分为 5 个等级，经计算，黄河三角洲湿地生境敏感性分值在 1.8~9 之间，表 6.13 为生境敏感性分级表。

表 6.13　黄河三角洲湿地生境敏感性分级表

敏感性等级	评级指数	面积（km²）	比例
不敏感区	1.8~2.7	149.46	15.9%
轻度敏感区	2.7~3.5	137.24	14.6%
中度敏感区	3.5~4.7	159.8	17.0%
高度敏感区	4.7~6.4	136.3	14.5%
极敏感区	6.4~9.0	357.2	38.0%

结果表明，不敏感区仅占 15.9%、轻度敏感区占 14.6%、中度敏感区占 17.0%、高度敏感区占 14.5%、极敏感区占 38.0%，高度及以上敏感区占了 50% 以上，从西到东敏感性呈现逐渐递增的趋势，黄河三角洲湿地区域生境敏感性较高。黄河三角洲湿地独特的地理位置，是中国和世界上鸟类保护的重要基地，是国家一、二级保护鸟类、鹤类及天鹅等的重要栖息地，由于东部沿海植被覆盖率低，多为沼泽类湿地，故敏感性高。

6.4.3　黄河三角洲湿地生态敏感性评价

1. 构建判断矩阵

黄河三角洲湿地生态敏感性判断矩阵构建的结果如表 6.14 所示。

表 6.14　黄河三角洲湿地生态敏感性判断矩阵

判断矩阵	土壤盐碱化敏感性	水土流失敏感性	生境敏感性
土壤盐碱化敏感性	1	3	1
水土流失敏感性	1/3	1	1/3
生境敏感性	1	3	1

2. 确定权重

利用 YAAHP 软件得生态敏感性因子判断矩阵的最大特征根 λ 为 3，一致性比例为 0.000，小于 0.100，满足一致性要求。表 6.15 为黄河三角洲湿地生态敏感性因子指标权重。

表 6.15　黄河三角洲湿地生态敏感性因子指标权重

敏感因子	土壤盐碱化敏感性	水土流失敏感性	生境敏感性
指标权重	0.4286	0.1429	0.4286

3. 黄河三角洲湿地生态敏感性分布

将黄河三角洲湿地生态敏感性分为 5 个等级。经计算，黄河三角洲湿地生态敏感性综合分值在 1.0～9 之间。表 6.16 为黄河三角洲湿地生态敏感性分级表。

表6.16　黄河三角洲湿地生态敏感性分级表

敏感性等级	评级指数	面积（km²）	比例（%）
不敏感区	1.0~2.7	84.6	9.0
轻度敏感区	2.7~4.1	113.74	12.1
中度敏感区	4.1~5.8	172.02	18.3
高度敏感区	5.8~7.8	184.24	19.6
极敏感区	7.8~9	385.4	41

对黄河三角洲湿地土壤盐碱化敏感性、水土流失敏感性和生境敏感性进行叠加分析，结构表明，不敏感区仅占9%、轻度敏感区占12.1%、中度敏感区占18.3%、高度敏感区占19.6%、极敏感区占41%，高度及以上敏感区占了60%以上，从西到东敏感性呈现逐渐递增的趋势，黄河三角洲湿地生态敏感性高。

6.5　黄河三角洲湿地保护与修复策略

6.5.1　恢复湿地植被和修复栖息地

1. 恢复本土植物，防止外来种入侵

黄河三角洲湿地土壤以潮土和盐碱地为主，植物群落组成简单，优势植被群落主要有芦苇、柽柳、翅碱蓬和互花米草等。2010年后，保护区分布面积较大的植被有芦苇、翅碱蓬和互花米草。芦苇主要分布在黄河河道两岸。翅碱蓬主要分布在沿芦苇两侧的滩涂上，在黄河入海口附近，受海水倒灌影响，翅碱蓬的分布也较为密集，翅碱蓬条带状分布特征减弱。互花米草主要分布在河口和海湾的交汇处等近海区域，并且具有明显的区域性。柽柳在整个监测时段分布面积较小，主要依芦苇向海岸方向呈片状分布。近20年互花米草覆盖面积持续扩大，且扩大速度呈增加趋势，翅碱蓬面积略有下降，而芦苇面积发生了较大面积的萎缩，近20年萎缩面积达57.55km²，减少了约48.17%，柽柳覆盖面积亦呈减小趋势[67]。

恢复乡土植物能够迅速填补生态位空白，防止互花米草二次入侵，稳定生态系统和食物网结构；可以减少侵蚀，遏制湿地退化，满足滨海湿地保护的迫切需求[68-70]。通过引入种植碱蓬、盐碱蓬、芦苇等本土湿地植物，增加生物多样性、提高湿地生产力[71]。移栽本地植物，加速受损生态系统的修复和恢复，提高湿地生态系统对抗入侵物种的抵抗力。

2. 加强水文联通性，满足湿地生态需水

黄河三角洲地区 1980～2018 年平均降水量为 549mm[72]，1980～2018 年蒸发量均值为 1870.9mm，且变化趋势不明显。通过分析区域年均降水量和年均蒸发量知，后者是前者的 3.4 倍，说明区域降水量不能满足湿地用水需求。若黄河径流量持续减少，极大可能导致湿地面积的萎缩，影响湿地生态系统[73,74]。

利用调水调沙期间的黄河水位升高后自流引水，建设扬水泵站人工引水和天然降水，为湿地提供水源补给；应加强黄河三角洲水资源的调度，以保证黄河上游来水量的充足。修建水库、堤坝等蓄水方式，实现淡水资源的季节均匀分配，缓解湿地盐碱化程度，为湿地中各类生物提供所需的生存和繁衍场所[75]。分析历史径流量和生态-水文过程，优化湿地的生态补水方式、数量和补水时间，并建立起一种长效补水机制维持湿地咸淡水体系平衡[76]。水系连接技术主要通过疏通潮沟、涵洞改造、堤防拆除等措施强化水体直接连续和水文交换。梳理并强化河流网络，将河流网络与湿地、水库衔接，形成完整的水网结构。水文连通变化将影响湿地生态系统生物多样性，水文连通结构越复杂，越有利于生物的定殖与扩散，同时增强维持种群的稳定性以及生态系统抵抗外来干扰和恢复的能力[77]。

3. 修复栖息地

黄河三角洲湿地是鸟类主要栖息地，由于湿地退化造成的鸟类栖息地环境破坏，要根据鸟类生存习性，采取人工方法建立栖息环境，吸引鸟来栖息，从而使湿地鸟类的多样性得到恢复和提高。常用措施包括生境岛的隔绝、微细地貌改造、生态补充、围堰矮化、人工鸟窝、设置鸟食区、干扰隔离等[78]。充分利用原有地形，经过对地形的局部塑造，疏通水系循环，形成塘、沟、堤、坝、岛等，在一定范围内形成蓄水保土的适于生物多样性的地形条件。选择在芦苇沼泽水域周围的高地、人为干扰因素少、自然环境优越、又方便观察的地区设立繁殖招引巢。

4. 加强对黄河三角洲湿地核心区的保护与修复

根据土壤盐碱化敏感性、水土流失敏感性、生境敏感性评价结果，敏感性等级高的研究区域应根据实况着重加强区域的湿地恢复措施。高度敏感区、极敏感区主要位于黄河三角洲湿地中东部地区，隶属于核心区的管辖范围内，少部分靠近核心区的部分地区；中度敏感区则较分散，主要分布于湿地中部、西北部和南部部分区域。核心区是严格禁止人类经济活动，是限制开发的区域，对生物多样性的保护非常重要，应该加大对高度及以上敏感区的湿地恢复与保护工作。如已

被开垦或破坏的滩地，停止其开垦和农业开发行为，消除人为构建设施，恢复湿地原貌，达到同周边环境基本一致，利用黄河自身的水文周期、植物种质资源、自然肥力，进行自然湿地恢复。利用沼泽型湿地系统对核心区湿地恢复，沼泽型湿地分布面积最广，是水鸟的主要栖息地类型。根据地形和水位的不同，构建沼泽湿地，形成水深超过 1m 的淡水区，引种穗状狐尾藻、金鱼藻、黑藻、眼子菜等群落；在水深 0.5~1m 的区域，引种香蒲群落；在水深低于 0.5m 的区域，引种芦苇，在靠近水岸边及边坡或地势稍高的区域分布有柽柳、旱柳等乔灌木。不扩大现有的生产规模，尽量减少人为活动对自然保护区内的湿地生态系统和珍稀濒危鸟类的影响程度。

5. 消减污染负荷

黄河三角洲水质主要取决于入河污染物量，对入河排污口进行系统规划，特别是对供水河系的排污口要严加监管，实施对入河排污口的有效监督与管理；同时对排污口进行优化设置，提出具体河段的总量控制目标，实行排污分担。建议在主要入河河流上布设水质自动监测站，加强入河河流的水污染处理；对河区周围的工业污染源进行总量控制，减少其污染物的排放量，减轻入河污染负荷；自然保护区内废水必须达标后排放，未经处理的废水不能排入河道或其他水体；合理安排水产养殖区分布密度，防止渔业生产废弃物造成河区水域污染。从源头上遏制石油开采和炼化过程中对水体的污染。

6.5.2 建立监测系统

建立黄河三角洲湿地遥感监测信息系统，准确、及时和全面反馈人类开发活动对生态的影响，基于历史数据对湿地区域未来状况进行预测，提供技术支持。建立 GIS 数据库，建立独立数据库，汇总社会、生态数据，通过借助计算机系统和预测模型，实现对未来状况的预测。针对河口附近海域的监测中，水质监测站位较丰富，空间位置分布较合理。生态环境与生物资源监测站位数量较少，空间位置分布不均匀，仅分布在新河口附近海域，数据不足以反映真实情况；沉积环境的监测适当增加采集的时间密度（如分为上、下半年）及空间密度（可适当参考水质监测站位分布）。

借助信息网络，将监测数据传输到相关子系统，与自然、社会、经济数据库相结合，利用各种分析与决策、预测模型，建立起由相关行业部门运行并监测预警的子系统，数据整合后再传送给东营市相关主管机构建成生态环境监测预警系统[79]。

6.5.3　合理利用湿地资源

资源是自然界提供给人的宝贵财富，人们的衣食住行都取自自然环境，因此在对敏感区域进行保护的同时也可以适当利用区域内的资源，使之更好地为人类创造物质财富。

1. 芦苇资源的开发利用

黄河三角洲湿地芦苇集中分布面积达 40 万亩[80]。芦苇用途多样，如苇秆可作造纸和人造丝、人造棉原料；芦苇嫩芽含大量蛋白质和糖分，是优良饲料，也可食用；花序可作扫帚，可填枕头；根状茎叫作芦根，中医学上入药，性寒、味甘，功能清胃火、除肺热，有健胃、镇呕、利尿之功效。研究芦苇资源的利用价值和用途，对芦苇资源的持续高效利用有重要意义。

2. 湿地药用植物的开发利用

黄河三角洲湿地内大量分布的罗布麻、益母草、茵陈、甘草、车前、香蒲、柽柳等湿地植物，是优质湿地药用植物[81]。罗布麻叶可平抑肝阳、清热利尿，益母草可去瘀生新，活血调经，利尿消肿等。研究湿地植物的药用价值，进行大规模开发，提高湿地植物回收利用的途径。

3. 海洋资源可持续利用

黄河三角洲湿地东部沿海地区有相当一部分位于滩涂区域，针对滩涂和浅海海洋资源利用格局不合理、养殖业管理粗放、水质受农业施肥和人工投料影响大、污染物排放多、可输出资源产品质量低产量小、经济收入低等问题，可选择一些利于滩涂护养的生物种类，在适宜海滩区域建立湿地养殖示范区，政府部门可以提供一些政策与技术支持，通过进行一系列的重组及优化设计、配置和部分重建，形成护养结合的复合生态系统模式集成，以提高效益，减少对水体的污染，实现海洋资源可持续高效利用，效果好的话可进一步推广扩大规模。同时，对于一些弃置的海水池塘可以采取拆除的措施，力争实现资源利用格局与视觉上的美观二者合一的状态。

6.6　小　　结

黄河三角洲湿地土壤盐碱化敏感性表明，高度及以上敏感区占了74%，分布在自然保护区的中东部，从西到东敏感性呈现逐渐递增的趋势，越靠近海滨，盐碱化敏感性越强烈。黄河三角洲湿地水土流失敏感性评价显示，高度及以上敏感区占了近 70%，分布在自然保护区的中东部，从西到东敏感性呈现逐渐递增的趋势。黄河三角洲湿地生境敏感性评价表明，高度及以上敏感区占了 50% 以上，从西到东敏感性呈现逐渐递增的趋势。黄河三角洲湿地生态敏感性分析得出，极敏感区占 41%，高度及以上敏感区占了 60% 以上，从西到东敏感性呈现逐渐递增的趋势，区域生态敏感性高。

本章给出了黄河三角洲湿地保护与修复的主要措施：恢复水文过程，增强水文联通性，恢复本土植物，防止外来种入侵，利用沼泽湿地形式恢复核心区湿地，利用人工技术构建栖息地等。

参 考 文 献

［1］杨薇，靳宇弯，孙立鑫，等. 基于生产可能性边界的黄河三角洲湿地生态系统服务权衡强度［J］. 自然资源学报，2019，34（12）：2516-2528.

［2］山东省自然资源厅，国家林业和草原局昆明勘察设计院. 黄河口国家公园总体规划（2021—2035 年）. 2021 年 9 月.

［3］杨薇，裴俊，李晓晓，等. 黄河三角洲退化湿地生态修复效果的系统评估及对策［J］. 北京师范大学学报（自然科学版），2018，54（1）：98-103.

［4］张磊，宫兆宁，王启为，等. Sentinel-2 影像多特征优选的黄河三角洲湿地信息提取［J］. 遥感学报，2019，23（2）：313-326.

［5］张晓娟. 蓝色经济战略下的黄河三角洲湿地生态保护研究［D］. 青岛：中国海洋大学，2013.

［6］张心茹，曹茜，季舒平，等. 气候变化和人类活动对黄河三角洲植被动态变化的影响［J］. 环境科学学报，2022，42（1）：56-69.

［7］陈柯欣，丛丕福，雷威. 人类活动对 40 年间黄河三角洲湿地景观类型变化的影响［J］. 海洋环境科学 2019，38（5）：736-744.

［8］安乐生，周葆华，赵全升，等. 黄河三角洲植被空间分布特征及其环境解释［J］. 生态学报，2017，37（20）：6809-6817.

［9］陈俊卿，范勇勇，吴文娟，等. 2016～2017 年调水调沙中断后黄河口演变特征［J］. 人民黄河，2019，41（8）：6-9.

［10］刘佳凯，崔保山，张振明，等. 黄河三角洲横向水文结构连结空间尺度变异性分析［J］. 生态学报，2021，41（10）：3745-3754.

［11］张希涛，毕正刚，车纯广，等. 黄河三角洲滨海湿地生态问题及其修复对策研究［J］. 安徽农业科学，2019，47（5）：84-87.

［12］刘莉，韩美，刘玉斌，等. 黄河三角洲自然保护区湿地植被生物量空间分布及其影响因素［J］. 生态学报，2017，37（13）：4346-4355.

［13］韦仕川，吴次芳，杨杨. 黄河三角洲未利用地适宜性评价的资源开发模式——以山东省东营市为例［J］. 中国土地科学，2013（1）：55-60

［14］Li S N, Wang G X, Deng W, et. al. Influence od hydrology process on wetland and landscape pattern: a case study in the Yellow River Delta [J]. Ecological Engineering, 2009, 35 (12): 1719-1726.

[15] 安乐生. 黄河三角洲地下水水盐特征及其生态效应 [D]. 青岛: 中国海洋大学, 2012.

[16] 刘晓燕. 关于黄河水沙形势及对策的思考 [J]. 人民黄河, 2020, 42 (9): 34-40.

[17] 张金良, 罗秋实, 陈翠霞, 等. 黄河中下游水库群–河道水沙联合动态调控 [J]. 水科学进展, 2021, 32 (5): 649-658.

[18] Ji H Y, Chen S L, Pan S Q, et al. Fluvial sediment source to sink transfer at the Yellow River Delta: quantifications, causes, and environmental impacts [J]. Journal of Hydrology, 2022, 608: 127622.

[19] 刘昌明, 田巍, 刘小莽, 等. 黄河近百年径流量变化分析与认识 [J]. 人民黄河, 2019, 41 (10): 11-15.

[20] 郭凯, 许征宇, 曲乐, 等. 黄河三角洲高等抗盐植物资源 [J]. 安徽农业科学, 2013, (25): 10463-10466.

[21] 垦利县统计局. 2015 年垦利县国民经济和社会发展统计公报 [R]. 2016 年 4 月 6 日.

[22] 范晓梅, 刘高焕, 唐志鹏, 等. 黄河三角洲土壤盐渍化影响因素分析 [J]. 水土保持学报, 2010, 24 (1): 142-147.

[23] 曹建荣, 刘文全, 黄翀, 等. 基于 Landsat TM_ ETM 影像的黄河三角洲盐渍土动态变化分析 [J]. 水土保持通报, 2014, 34 (6): 179-182.

[24] 陈沈良, 张国安, 谷国传. 黄河三角洲海岸强侵蚀机理及治理对策 [J]. 水利学报, 2004, 23 (7): 3-8, 15.

[25] 傅晓文. 盐渍化石油污染土壤中重金属的污染特征、分布和来源解析 [D]. 济南: 山东大学, 2014.

[26] 张晓龙, 李培英. 湿地退化标准的探讨 [J]. 湿地科学, 2004, 2 (1): 36-41.

[27] 刘伟, 常军, 李涛. 现代黄河三角洲湿地时空变化及其保护对策 [J]. 安徽农业科学, 2015, 43 (8): 216-217, 222.

[28] 刘喜荣, 董震, 李法玉. 基于高分辨率遥感数据的黄河三角洲生态监测与评价 [J]. 环境工程, 2023, 41 (6): 9-16.

[29] 刘宗斌. 黄河三角洲地区农业环境现状与污染防治措施 [J]. 环境科学与管理, 2007, 32 (2): 149-150.

[30] 陶思明. 黄河三角洲湿地生态与石油生产: 保护、冲突和协调发展 [J]. 环境保护, 2000 (6): 26-28.

[31] 任磊, 黄廷林. 土壤的石油污染 [J]. 农业环境保护, 2000, 19 (6): 360-363.

[32] 欧阳志云, 王效科, 苗鸿. 中国生态环境敏感性及其区域差异规律研究 [J]. 生态学报, 2000, 20 (1): 9-12.

[33] 李振亚, 魏伟, 周亮, 等. 基于空间距离指数的中国西北干旱内陆河流域生态敏感性时空演变特征: 以石羊河流域为例 [J]. 生态学报, 2019, 39 (20): 7463-7475.

[34] 魏婵娟, 蒙吉军. 中国土地资源生态敏感性评价与空间格局分析 [J]. 北京大学学报 (自然科学版), 2022, 58 (1): 157-168.

[35] 国务院西部地区开发领导小组办公室, 国家环境保护总局. 生态功能区划暂行规程. 2002.

[36] 贾学斌, 张超, 朱永明. 基于 USLE 模型的承德市水土流失敏感性时空演变分析 [J]. 林业与生态科学, 2020, 35 (1)：37-47.

[37] 李月臣, 刘春霞, 汪洋, 等. 重庆市生境敏感性评价研究 [J]. 重庆师范大学学报 (自然科学版), 2009, 26 (1)：30-34.

[38] 冯维波. 生物多样性丧失与保护经济的分析 [J]. 生物多样性, 1994, 2 (1)：44-48.

[39] Gad A, Lotfy I. Use of remote sensing and GIS in mapping the environmental sensitivity areas for desertification of Egyptian territory [J]. Eearth Discussions, 2008, 3 (2)：654-660.

[40] Filho P W M S, Gonçalves F D, De Miranda F P, et al. Environmental sensitivity mapping for oil spill in the Amazon coast using remote sensing and GIS technology// Geoscience and Remote Sensing Symposium, 2004. IGARSS′04. Proceedings. 2004 IEEE International. IEEE, 2004, 3：1565-1568.

[41] Steive L E. Improving the assessment and adaptive management of ecological drought impacts [J]. Bio-Science, 2017, 67 (2)：150-162.

[42] 宫兆宁, 宫辉力, 邓伟, 等. 浅埋条件下地下水–土壤–植物–大气连续体中水分运移研究综述 [J]. 农业环境科学学报, 2006, 25 (S1)：365-373.

[43] 龙惠芳, 郭熙, 赵小敏, 等. 基于 GIS 的县域土地生态环境敏感性评价研究——以奉新县为例 [J]. 中国园艺文摘, 2009, 25 (1)：114-117.

[44] 冉圣宏, 宋晓龙, 李晓文, 等. 衡水湖国家自然保护区生态敏感性分析 [J]. 地域研究与开发, 2009, 28 (4)：129-133.

[45] 肖荣波, 欧阳志云, 王效科, 等. 中国西南地区石漠化敏感性评价及其空间分析 [J]. 生态学杂志, 2005, 24 (5)：551-554.

[46] 王效科, 欧阳志云, 肖寒, 等. 中国水土流失敏感性分布规律及其区划研究 [J]. 生态学报, 2001, 21 (1)：14-19.

[47] 徐刘洋, 郭伟玲, 贾纪昂. 东南丘陵地区土壤侵蚀时空变化及其驱动因素 [J]. 水土保持通报, 2024, 44 (1)：218-226.

[48] 唐克丽. 中国水土保持 [M]. 北京：科学出版社, 2004.

[49] Zhou J, Fu B, Gao G, et al. Effects of precipitation and restoration vegetation on soil erosion in a semi-arid environment in the Loess Plateau, China [J]. Catena, 2016, 137：1-11.

[50] 元伟涛, 王瑞燕, 修洪敏, 等. 黄河三角洲垦利县生态环境敏感性评价 [J]. 水土保持通报, 2010, 30 (6)：214-218.

[51] 邵奕铭, 高光耀, 刘见波, 等. 自然降雨下黄土丘陵区草灌植物垂直覆盖结构的减流减沙效应 [J]. 生态学报, 2022, 42 (01)：322-331.

[52] Duan L, Huang M, Zhang L. Differences in hydrological responses for different vegetation types on a steep slope on the Loess Plateau, China [J]. Journal of Hydrology, 2016, 537：356-366.

[53] Lin Q, Xu Q, Wu F, et al. Effects of wheat in regulating runoff and sediment on different slope

gradients and under different rainfall intensities [J]. CATENA, 2019, 183: 104196.

[54] 赵护兵, 刘国彬, 曹清玉. 黄土丘陵区不同植被类型对水土流失的影响 [J]. 水土保持研究, 2004, 11 (2): 153-155.

[55] Carroll C, Merton L, Burger P. Impact of vegetative cover and slope on runoff, erosion, and water quality for field plots on a range of soil and spoil materials on central Quee island coal mines [J]. Soil Research, 2000, 38 (2): 313-328.

[56] 章俊霞, 左长清, 李小军. 土壤侵蚀的自然因素影响作用探讨 [J]. 安徽农业科学, 2008, 36 (3): 1140-1141.

[57] 侯喜禄, 白岗栓, 曹清玉. 黄土丘陵区森林保持水土效益及其机理的研究 [J]. 水土保持研究, 1996, (2): 1645-1649.

[58] 叶其炎, 杨树华, 陆树刚, 等. 玉溪地区生物多样性及生境敏感性分析 [J]. 水土保持研究, 2006, 13 (6): 75-78.

[59] Xie L, Wang H W, Liu S H. The ecosystem service values simulation and driving force analysis based on land use /land cover: a case study in inland rivers in arid areas of the Aksu River Basin, China [J]. Ecological Indicators, 2022, 138: 1-16.

[60] Wang L G, Zhu R, Yin Z L, et al. Impacts of land use change on the spatio-temporal patterns of terrestrial ecosystem carbon storage in the Gansu Province, Northwest China [J]. Remote Sensing, 2022, 14 (13), doi: 10.3390/rs14133164.

[61] 江伟康, 吴隽宇. 基于地区 GDP 和人口空间分布的粤港澳大湾区生境质量时空演变研究 [J]. 生态学报, 2021, 41 (5): 1747-1757.

[62] Jiang W K, Wu J Y. Spatial-temporal evolution of habitat quality in Guangdong-Hong Kong-Macao Greater Bay Area based on regional GDP and population spatial distribution [J]. Acta Ecologica Sinica, 2021, 41 (5): 1747-1757.

[63] Houghton R A. The worldwide extent of land-use change [J]. BioScience, 1994, 44 (5): 305-313.

[64] 徐菲楠, 祁元, 王建华, 等. 面向对象的黑河下游河岸林植被覆盖信息分类 [J]. 遥感技术与应用, 2015, 30 (5): 996-1005.

[65] 任磊, 黄廷林. 土壤的石油污染 [J]. 农业环境保护, 2000, 19 (6): 360-363.

[66] 张晓娟. 蓝色经济战略下的黄河三角洲湿地生态保护研究 [D]. 青岛: 中国海洋大学, 2013.

[67] 黄慧, 陆柔羽, 刘小艺, 等. 黄河三角洲典型自然植被时空变化分析 [J]. 人民黄河, 2024, 46 (S2): 73-74.

[68] Ning Z, Chen C, Xie T. et al. Can the native faunal communities be restored from removal of invasive plants in coastal ecosystems? A global meta-analysis [J]. Global Change Biol, 2021, 27 (19): 4644-4656.

[69] Dou Z, Cui L, Li W, et al. Effect of freshwater on plant species diversity and interspecific associations in coastal wetlands invaded by spartina alterniflora [J]. Front Plant Sci., 2022, 13.

[70] 宋长春. 湿地生态系统对气候变化的响应 [J]. 湿地科学, 2003, 1 (2): 122-127.

[71] Liu Z, Fagherazzi S, Ma X, et al. Consumer control and abiotic stresses constrain coastal salt-marsh restoration [J]. Journal of Environmental Management, 2020, 274: 111110.

[72] 张树清, 张柏, 汪爱华. 三江平原湿地消长与区域气候变化关系研究 [J]. 地球科学进展, 2001, 16 (6): 836-841.

[73] 陈克林, 张小红, 吕咏. 气候变化与湿地 [J]. 湿地科学, 2003, 1 (1): 73-77.

[74] 傅国斌, 李克让. 全球变暖与湿地生态系统的研究进展 [J]. 地理研究, 2001, 20 (1): 120-128.

[75] Wang M J, Qi S Z, Zhang X X. Wetland loss and degradation in the Yellow River Delta, Shandong Province of China [J]. Environmental Earth Sciences, 2012, 67 (1): 185-188.

[76] 刘新宇. 辽河三角洲滨海湿地退化机制与植被修复技术研究 [J]. 新农业, 2014 (6): 28-29.

[77] Obolewski K. Composition and density of plant-associated invertebrates in relation to environmental gradients and hydrological connectivity of wetlands [J]. Oceanological and Hydrobiological Studies, 2011, 40 (4): 52-63.

[78] Yu X Y, Zhu W B, Wei J X, et al. Estimation of ecological water supplement for typical bird protection in the Yellow River Delta wetland [J]. Ecological Indicators, 2021, 127: 107783.

[79] 杨明, 张治昊, 杨晓阳. 黄河口新口门水下三角洲演变特征 [J]. 南水北调与水利科技, 2011 (3): 32-39.

[80] 屈凡柱. 黄河三角洲滨海芦苇湿地磷的生物地球化学过程 [D]. 北京: 中国科学院大学, 2014.

[81] 孙稚颖, 周凤琴, 郭庆梅. 山东东营河口区柽柳林场药用植物资源调查 [J]. 国土与自然资源研究, 2009 (1): 93-94.

第7章　多规协同推动湿地技术走向综合

城市水环境问题复杂多元，相互交织，相互关联，已经无法用单一措施有效解决。城市水资源短缺，几乎已经成为所有城市都面临的问题[1]；水环境污染长期存在，水环境管理已经从建污水处理厂控制点源污染到雨水面源污染控制和向水生态友好方向转变[2]；气候变化改变了降雨的季节性特征，不可预测的降雨、持续的干旱等极端气候高发，对现行的水环境管理方式提出挑战。

环境治理已由治理污染源及周围地区的地方性环境污染扩展为治理区域性和全球性的环境污染；环境保护由技术性和应激性转为制度性和预防性的环境保护策略。应对气候变化从单一的防洪减灾向雨洪资源可持续利用和营建更具韧性的水生环境转变。从防治规划走向预防规划，利用空间规划等手段预防，预防全球环境领域未来问题，是环境领域发展的趋势。

现实需求推动技术逻辑和管理方式的演变，哲学领域提出，现代主义核心的作用不是产生离心力，而是产生向心力，其结果并不是分崩离析，而是（事实上如此）超级聚合[3]。环境管理不再是单一目标导向下的技术路线，需要构成一个以预防为主，由目标、规划、措施和控制组成的环境管理综合体系，在这样一个高度集成的体系下实现水环境可持续发展。

流域是实现系统集成的重要空间。水是影响生态系统平衡与演化，控制生态功能的关键因子，水生态环境是以水循环为纽带，联系降雨-径流物理过程，以水环境水生态表征的生物地球、生物化学过程和以城市建设高强度人类活动为特点的人文过程相互作用和反馈的复杂系统[4]。水是基础性的自然资源，具有流域整体性和功能综合性等特点[5]。流域是"一片由水文系统的边界包围起来的土地，通过共同的水文过程使生命彼此联系"，是一个相对封闭、边界清晰的集水区，随时与外界保持物质、能量与信息交换[6]。流域生态系统属于复合型生态系统[7,8]，流域的生态循环主要通过水、光、热、碳氮等循环过程得以维持，其中水是流域生态系统健康和可持续发展的重要因素[9]。流域的水文循环过程包括陆生与水生两方面[10,11]。陆生与水生生态系统镶嵌交错使流域成为一个整体性强、空间异质性高的生态单元[12,13]。流域是自然过程与人文活动相互作用最为强烈的地区之一[14]，是水的自然流动性形成的具有完整反馈自然—经济—社会的复合生态系统。以流域为尺度单元的一体化水生态规划与管理[15]可以实现生态水文学原则，达成系统集成走向预防性管理和综合治理的有效空间。

7.1　湿地技术与河道融合成为流域空间的组织方式

流域综合水环境管理是通过水生态过程的管控改革、技术创新、协调或接触、冲突、交流、融汇等方式，统合成为一个相互协调、联系紧密的有机整体的过程。它是在异质性因素的基础上增加同质性因素、在多样性的基础上增加共同性而形成有机的统一体，使其整体大于部分之和[16]。影响流域生态水文过程的主要因素包括气候条件、水量状况、植被和水利工程措施等[17]，流域的中枢系统河流是联结水圈、生物圈、岩石圈的重要纽带，同时也是重要的生物栖息地[18]。

人工湿地被称为生态基础设施，通过恰当地设计，可以具有自组织、自设计、自管理的能力，与经济社会有较强的一致性，是强大的、可持续的多效能系统[19]。人工湿地能够弥补和抵消一部分由于农业开发和城市化导致自然湿地消失的速率；能改善水质，防洪，水生植物纤维可以用作经济作物[20]。人工湿地作为一种生态工程，可以有效去除多种污染物，如有机化合物、悬浮物、大肠杆菌、营养物和突发的污染。利用自然湿地的优点，可以更有效地控制环境，在生活污水处理领域更富有成效[21,22]。人工湿地生态系统具有一定的环境价值及经济效益。有研究学者[23]通过一些科学的评价方法（旅游费用法、条件评价法、生态价值法）对人工湿地系统进行价值评价，发现人工湿地环境经济效益显著，工程总投资 138 万元的条件下，核算该人工湿地系统总价值达 749.46 万元，总经济效益可达 342.06 万元。在投资及运行费用上，因人工湿地不需要复杂的设备，也不会产生大量污泥，无须专业技术人员维护管理[24]，与一般的污水处理工艺相比较，人工湿地具有投资省的特点[25]，并且运行成本较低[26]。人工湿地通过合理规划设计，易与周围的绿化及景观相结合，具有一定的景观价值和艺术价值。人工湿地植物对大气污染物具有一定的净化作用[27]，主要通过体表吸附、叶内积累、代谢降解、植物转化和固化[28,29]等作用达到对大气污染的缓解作用。

在空间规划中，河流具有更好的渗透性和整体性，利用河流与湿地形成空间管控体系，实现水环境管理走向综合。Tilley 等提出在小流域内构建较完整湿地体系是进行城市小流域水生态系统修复的有效技术措施，该湿地体系的空间结构为小型湿地散布在集水区的源头，中型湿地分布于集水区水系与次小流域主水系交汇处，大型湿地则分布在次小流域水系与小流域主水系交汇处[30]。Galle 等指出随着生态经济及生态网络的广泛传播，生态廊道深受广大生态学家及自然保护主义者欢迎，水系生态廊道作为生态廊道最有代表性的一种，不仅具有景观生态的作用，更具有保护生物多样性、过滤污染物、防止水土流失、调控洪水等生态服务功能[31]。美国流域保护中心在 2007 年颁布的《城市次流域修复指南系列——城市暴雨改进实践》中指出，在集水区面积介于 1 ~ 10km² 的小流域进行一系列如生物滞留塘、湿塘、人工湿地、渗滤带、下凹绿地，以及生态屋顶、透水铺面等低影响开发技术的使用，可以有效地平坦峰值，平均流量，减少径流污染，减少河道侵蚀和重现开发前的水文过程[32]。

7.1.1 利用雨水湿地体系调蓄流域水量、改善流域水质

在流域尺度上湿地生态系统借助其特殊的水文物理特性，以水循环为纽带，通过影响流域蒸散发、入渗、地表径流、地下径流和河道径流等方式而改变流域水文过程的能力，对雨洪的控制、雨水资源化利用及改善水环境具有重要意义。湿地往往具有较高的土壤孔隙度和较强的土壤饱和持水量等特征，汛期通过吸收和储存来发挥削减地表径流、降低流速和削弱洪峰等作用；非汛期以缓慢释水和下渗、侧渗的方式发挥水源供给、维持基流和补给地下水等作用[33,34]。湿地体系对水生态环境所发挥的作用远大于单一河口湿地或者岸线湿地的作用。国内外大量研究表明，散布在集水区源头的湿地可以起到保障水质、减少洪涝灾害的作用；存在于集水区水系与次小流域主水系交汇处的湿地，有利于控制雨水径流污染、滞蓄峰值流量等。在流域内应循水文过程，通过在水系的合适位置构建湿地来加强对小流域雨洪资源的生态调蓄，实现"自然积存和净化"功能。

1. 雨水湿地选址

选取集水区的源头构建湿地，以提高水安全防控能力和过滤初级径流；在汇水区水系与次小流域主水系交汇处构建湿地，以缓冲、滞蓄峰值流量，修复水生态与改善水环境；在次小流域水系与小流域主水系交汇处构建湿地，以预防极端状况下的雨洪灾害和提供栖息地。运用 ArcGIS 技术，结合洼地分析结果、等高线分析结果、各级水系节点位置布局以及河流流域范围内的用地规划，规划雨水湿地位置。

2. 以流域径流总量控制为目标的湿地规模

根据《海绵城市建设指南》，使用容积法计算以径流总量控制为目标的设计调蓄容积[35]。计算公式如下：

$$V = 10 \times H \times \varphi \times F \tag{7.1}$$

式中，V 为设计调蓄容积（m³）；H 为设计降雨量（mm）；φ 为综合径流系数，面积加权计算；F 为汇水面积（ha）。

确定降雨就地消纳和利用规模，如 70% 或者 75% 等[36]。根据径流总量控制

率与设计降雨量的统计规律确定流域的设计降雨量。

在完成集水区划分的基础上，结合土地利用规划与现状，运用 ArcGIS 对各集水区进行土地利用类型提取。根据《给水排水设计手册·第 05 册·城镇排水》及相关文献确定各土地利用类型的径流系数[37,38]，通过面积加权最终确定各集水区的综合径流系数，以及各集水区的总径流控制容积。

3. 以流域防洪为目标的湿地规模

《城市防洪规划》明确要求中心城防洪标准为 200 年一遇，次中心城按 50～100 年一遇洪水规范设防；建制镇按 20 年一遇洪水标准设防[39]。为了计算出湿地规模，需要根据 50～100 年一遇防洪标准，对地表径流的产生过程和径流流量进行模拟。暴雨强度公式的选择直接决定了模拟的效果。国外暴雨公式曾使用过多种形式，其中美国主要用 $i=\dfrac{A}{(t+b)^n}$ 型；日本主要用 $i=\dfrac{A}{(t+b)}$ 型；苏联广泛使用 $i=\dfrac{A}{t^n}$ 型；在《给水排水设计手册》中指出 $i=\dfrac{A}{(t+b)^n}$ 型暴雨公式与我国的降雨特征最为吻合，故暴雨强度公式如下：

$$q=\frac{1869.916(1+0.7573\lg P)}{(t+11.0911)^{0.6645}} \tag{7.2}$$

式中，q 为暴雨强度 [L/（s·ha）]；P 为重现期（a）；t 为降雨历时（min）。

说明：此公式公布于《给水排水设计手册》2004 年第二版中，统计方法参见《给水排水设计手册》。

在式（7.2）中，防洪标准如果选取 50 年一遇，则 $P=50$，依据《室外排水设计规范》（GB 50018/2006）取降雨历时为 2h，模拟出降雨量为 131.70mm，按照《降雨量等级》（GB/T 28592/2012）规定 2h 降雨 131.70mm 属于大暴雨等级[40]。使用通过暴雨强度公式计算的降雨量替换式（7.1）中的设计降雨量 H，则式（7.1）同样适用于以城市防洪湿地的规模计算。

上述计算得到的各集水区调蓄容积即为湿地的设计依据。根据所选湿地与集水区的地理位置关系确定每个湿地所对应的集水区，最终确定规划区或者流域范围内的湿地设计规模。

4. 流域湿地水文调蓄能力的定量评估

雨洪模型是进行流域湿地水文调蓄功能评估的有效工具。水文模型在流域水文调蓄中得到广泛应用[41]，代表性的雨洪模型如表 7.1 所示。

表 7.1　代表性的雨洪模型

软件	国家	年份	优点	缺点	改进软件及特点
SWMM	美国	1971	使用成本低,源代码开源,计算速度相比于同类软件较快[42]	只适用于一维管流计算,需要大量的监测数据[43]	PCSWMM:支持一维管网河渠和二维地表动态耦合模拟[44]；XPSWMM:与 GIS 具有良好的接口,简化了建模过程[45]
MIKE	丹麦	1986	模型通过多个模块组合搭建,便于从不同角度研究水文、水力过程。可以解决采用单一模型时的精度和准确度模糊的问题[46]	模型的二次开发具有一定的局限性,模型计算过程中往往依赖相关的输入参数[47]	MIKE BASIN+EXCEL 宏编程:计算速度快,减少了人工试算的盲目性和重复性,简化了人工统计保证率[48]；MIKE LOAD:简化了区域点源和面源污染的计算[49]
InfoWorks	英国	1998	可与 GIS 无缝连接,具有图形化操作和动态显示运行结果等先进管理理念与附属工具[50]	对计算机运行的硬件要求较高[51]	InfoWorks CS:能够准确模拟地面积水和消退过程[52]；InfoWorks ICM:数据处理便捷,建模分析效率高[47]

　　基于耦合湿地模块的模型平台,开展不同空间位置湿地分布情景下的流域水文过程模拟,模型可以评价流域有/无湿地情景、不同湿地类型情景下流域水文过程的变化,如从水量平衡要素(径流量、基流量、潜在蒸散发、地面径流和地下水补给量等)、洪水强度、频率、重现期变化和下游水动力参数(河道径流、水位和流速等)、泥沙沉积和水质指标等角度探讨湿地变化的水文效应,定量评估湿地在流域尺度上的水文功能。

7.1.2　利用人工湿地体系与河道构建流域水环境质量保障空间

　　污水处理厂是实现可持续水循环和改善水质的关键基础设施[53]。人工湿地的多功能性,成为应对复杂水环境问题的有效技术。人工湿地污水处理厂尾水深度处理技术工艺,是我国地表水环境保护与水生态友好的技术策略,与污水处理厂尾水组合成为提升水质、保障河道水生态安全的技术措施。

　　2002 年国家环境保护总局颁布了《城镇污水处理厂污染物排放标准》(GB 18918—2002),对污水处理厂出水中的各类污染物做出了严格的限制,该标准是在《污水综合排放标准》(GB 8978—1996)上的提标,但 GB 18918—2002 的污染物排放浓度远高于《地表水环境质量标准》(GB 3838—2002)的 V 类标准限值[54]。2015 年,国家环境保护部提出了特别排放限值[55],接近《地表水环境质量标准》的 IV 类标准限值。为了达标排放,倒逼污水处理厂进行提标,其中措施之一就是采用人工湿地对污水处理厂尾水进行处理,河道、人工湿地、污水处厂成为河道水环境质量管控的有机组成，推动了湿地技术与污水处理技术融合。

　　构建人工湿地强化污水处理厂尾水的深度净化，按照《地表水功能区划》规定，对规划的河流流域划分水功能区，确定水质目标要求，即《地表水环境质量标准》（GB 3838—2002）Ⅳ类水质标准。按照目前我国《城镇污水处理厂污染物排放标准》（GB 18918—2002）规定的最高排水标准一级 A 排放，污水处理厂排水标准为人工湿地进水水质标准，如表 7.2 所示。

表 7.2　《地表水环境质量标准》与《城镇污水处理厂污染物排放标准》部分指标

标准	分类	COD (mg/L)	BOD$_5$ (mg/L)	TN (mg/L)	NH$_4^+$-N (mg/L)	TP (mg/L)
《城镇污水处理厂污染物排放标准》	一级 A	50	10	15	5（8）	0.5
	一级 B	60	20	20	8（15）	1
《地表水环境质量标准》	Ⅳ类	30	6	1.5	1.5	0.3

　　按照人工湿地中的水流方向与位置可以将人工湿地分为水平潜流人工湿地、水平表面流人工湿地与垂直流人工湿地。垂直流人工湿地具有完整的布水系统和集水系统，污水由表面纵向流至床底，在纵向流的过程中污水依次经过不同的介质层，达到净化的目的，具有占地面积较其他形式湿地小、处理效率高等优点。垂直流人工湿地在运行管理中也常出现介质层堵塞导致排水不畅、需定期维护等弊端，且水平表面流人工湿地较水平潜流人工湿地具有气味大、环境恶劣等缺点，因此一般规划构建水平潜流人工湿地对污水处理厂尾水进行深度净化。

　　污水处理的出水水质即为水平潜流湿地进水水质，湿地排水水质达到地表水环境质量Ⅳ类，因此各污染物的表面负荷是该水平潜流人工湿地设计的关键因子。我国《人工湿地设计规范》中关于湿地中各污染物的表面负荷要求见表 7.3。

表 7.3　水平潜流人工湿地主要设计参数

指标	设计参数 [g/（m^2·d）]
COD 表面负荷	≤16
TN 表面负荷	2.5～8
NH$_4^+$-N 表面负荷	2～5
TP 表面负荷	0.3～0.5

　　依据《人工湿地污水处理工程技术规范》（HJ 2005—2010）中表面负荷计算公式确定污水处理厂配套水平潜流人工湿地的表面积，计算公式如下：

$$q = Q(C_0 - C_1)10/A \tag{7.3}$$

式中，q 为表面负荷 [kg/（m^2·d）]；Q 为人工湿地设计水量（m^3/d）；C_0 为人工湿地进水污染物浓度（mg/L）；C_1 为人工湿地出水污染物浓度（mg/L）；A 为人工湿地面积（m^2）。

　　雨水湿地与污水处理人工湿地组合工艺流程，雨水湿地设计规模根据流域年径流总量控制率为目标的调蓄容积确定，湿地中的植物在旱季无雨时可能因为缺水而死亡，这也将直接导致雨水湿地净化效果的降低，因此雨水湿地的运行过程中需要在旱季无雨季节向湿地中的植物补充其生长所必需的水量。污水处理厂尾水水质的变化或者尾水排放流量的变化都将对水平潜流人工湿地的运行产生影响，最终可能导致水平潜流人工湿地的出水无法达到排放要求。综合两种湿地的弊端，可将尾水人工湿地与雨水湿地进行组合运行，其组合工艺流程如图 7.1 所示。

图 7.1　组合湿地工艺流程图

　　在组合湿地工艺流程中，通过水平潜流人工湿地单元处理的污水处理厂尾水会先进入雨水湿地，雨水湿地会进一步净化水体，保障水质，同时雨水湿地可以从排入的水中获得生长所需要的水分。由于污水流量规模相比于雨水湿地单元的建设规模相差几倍以上，因此水平潜流人工湿地单元出水排入雨水湿地单元这一工艺对雨水湿地单元的设计、运行不会产生明显的影响。这一组合湿地工艺既节省了雨水湿地运行维护过程中的水资源与劳动力投入，也促使湿地的出水水质得到了保障。

7.2　优化流域水系空间布局

　　河流是人类文明的起源，是联结水圈、生物圈、岩石圈的重要纽带，同时也是重要的生物栖息地[56]。流域系统以河流水系为骨架，是具有一定层次和结构并与生态环境相互联系的一个整体。水系是同一流域中的水网系统[57]，水系空间布局特征包括水系结构特征和数量特征，用来描述一个地区天然河网水系的平面轮廓和分布特点。自然状态下，河网水系多呈羽状、叶状或树枝状，水系结构符合 Horton 定律[58]。随着城市化进程加快，人类活动对天然河网水系的影响日益加剧，水系结构趋于简单化，河流面积减少，河网的调蓄能力逐渐下降，水安全风险加剧。梳理流域水系空间布局，优化流域水系空间结构，调整调蓄能力，修复河流生态功能，实现水资源的可持续利用和生态系统的稳定。

1. 增加河网密度，增强流域调蓄能力

河网水系数量特征包括河网密度、水面率以及河频率等。水面率指承载水域功能的水体面积占比，是衡量流域河湖水系雨洪调蓄能力的指标。区域调蓄能力与水面率数值高度正相关，增加水面率对缓解排涝压力的作用明显[59]。采用排涝模数模拟、水动力模型分析、城市热环境模拟等方法求解不同目标导向下的适宜水面率，在规划管理中具有重要意义。2008 年水利部编制的《城市水系规划导则》（SL 431—2008），依据地域气候特征与经验值简化提出了不同地区的适宜水面率阈值。河网密度也是衡量流域调蓄能力的重要指标，高等级河流槽蓄能力较强而低等级河流调蓄能力较弱，水系分枝比等指标控制对保证河网调蓄能力有重要作用[60]。

在新区规划或者旧城更新规划中，增加河网密度，需要确定新增的河道位置，其中较有效的工具是 ArcHydro 模型。ArcHydro 模型[61]将 GIS 与水文地理要素结合产生了一种新的水文时空序列数据模型，是由 ESRI 和得克萨斯州立大学奥斯丁分校的水资源研究中心共同开发的，为了支持水资源方面应用，扩展了 ArcGIS 上 Geodatabase 数据模型。ArcHydro 数据模型自 2002 年发布（目前这个模型已经发布了两个版本），同时提供一套工具软件 ArcHydro Tools，利用 ArcGIS 上的 ArcHydro Tools 工具，进行规划范围内汇水分区，根据汇水分区与河流水系的位置、水系的汇流量相对大小，将分析流域内的水系分为一级水系、二级水系、三级水系和四级水系，如图 7.2 所示，级数越高，所代表的水系汇流量也越大，图 7.2 中雨水径流量最大地方是用黑色线表示的水系汇集区，黑线所在位置就是新增河道的中心线位置，该方法适合在任何一级的河道选址。

2. 优化河道形态，改善流域水生态环境

水系弯曲度是河流平面形态的重要表征指标。在水系自然演变中，弯曲与自然裁弯现象会交替发生，其蜿蜒性对维持流域的生物多样性具有要意义[63]；河流的弯曲是一种"动能自补偿"作用，与水流的能量大小、流量、比降等密切相关，上下断面动能差越大河流的弯曲系数就越大[64]。蜿蜒的河道能降低洪水流速，降低河流泥沙输运能力，增强河流防洪安全，缓解水流对河流护岸的侵蚀。蜿蜒的河道有利于营造丰富的生物栖息环境，为动植物提供避难场所，提高生物多样性。在河流的自然修复中，恢复河流弯曲度是修复的重要措施之一。遵循河流地貌学原理，改善河流弯曲度以提高河流平面形态多样性，保证生物群落

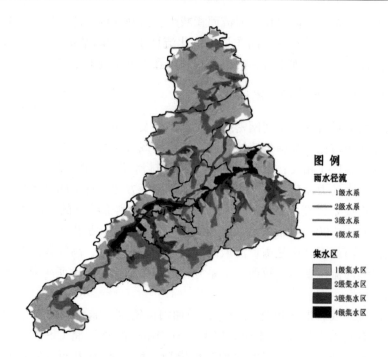

图 7.2　新增河道选址位置[62]

多样性与河流生境相统一。修复河道接近自然河流的蜿蜒形态，通常采用经验关系式法，根据水文数据和河道形貌调查，建立河道弯曲性参数和其他水文及形貌参数的经验关系式[65]，设计河道形态。

　　河弯跨度与河道宽度的经验关系式如下：

$$L_\mathrm{m} = (11.26 \sim 12.47)W \qquad (7.4)$$

式中，L_m 为河弯跨度；W 为河流宽度，取设计河段的平均值。

　　相邻两个拐点之间的弯曲段长度（半波长）的关系式如下：

$$Z = (L_\mathrm{m} i_\mathrm{v})/i_\mathrm{c} \qquad (7.5)$$

式中，i_v 为河谷坡度，i_c 为河道坡降。

　　蜿蜒河道的曲率半径与河宽之比介于 1.5 ~ 4.5 之间。若河湾跨度过大或河宽无法达到，需通过工程技术手段加固河床。天然河流的深槽位于弯曲顶点的下游。为遵循这一特征，新河道在设计深槽位置时可以用深槽偏移比来表示，即弯曲顶点和最大冲刷深度位置之间的河道长度与弯曲顶点及下游拐点之间的河道长度之比。

7.3　实现流域尺度的多规融合

以钱学森与吴良镛为代表的学者基于中国传统的山水自然观与哲学观提出了"山水城市"的生态理论，倡导文化艺术与人工、自然环境的融合统一。2015 年之前，城市水环境治理是单一目标导向下的水环境管理，面向水环境点源污染，修建排水管网，处理污水达标排放；面向洪涝灾害，进行防洪规划，修建泄洪系统、雨虹泵站进行强排；面向供水水质污染，水源地保护、供水深度处理，保障供水水质达标。水生态管理中，还远没有就供水、排水和防洪形成制度安排和规范体系。2015 年，国务院发布《水污染防治行动计划》，以改善水环境质量为目标提出"节水优先、空间均衡、系统治理、两手发力"新时期治水原则。2015 年的《水污染防治行动计划》，使水污染治理实现了历史性和转折性变化，要求进行水污染防治、水生态保护和水资源综合管理"三水"统筹的水环境管理体系，是从单一目标的管理向多目标、系统化和综合管理的转向。2014 年，住房和城乡建设部提出了"海绵城市"概念，并在试点城市的经验基础上，2019 年实施《海绵城市建设评价标准》[43]，《全国城镇生态建设"十三五"发展规划》将海绵城市建设覆盖率 100% 作为其具体目标之一，海绵城市建设作为其重点工程[66]。海绵城市建设历史首次将水资源、水环境、水安全、水生态在城市空间进行了有机综合，甚至在一些城市的规划中还加入了水文化，"五水"统筹，这标志对水生态保护规律的认识与实践运用，将推动 20 世纪以来的城市规划、设计以及经济学理论与新兴的行为理论和管理学有机结合，实现评估、规划和技术的有机融合。

截至 2014 年，我国已编制各类规划 200 余种，其中至少有 83 种经过法律法规授权编制[67]，涉及空间的规划有 22 种[68]。现行空间规划体系冗繁庞杂，多为部门规划，由各分管部门编制，以纵向控制为主，发改、国土、规划、环保等部门各自划区、各自管理、各成体系，缺乏横向衔接。尽管"多规"本质上是没有冲突的，但由于规划编制部门分治，国民经济和社会发展规划（经规）、城乡规划（城规）、土地利用规划（土规）、环境保护规划（环规）以及其他各类规划之间内容重叠交叉甚至冲突和矛盾的现象较为突出，不仅浪费了规划资源，而且导致资源配置在空间上缺乏统筹和协调。

国土空间规划是以融合主体功能区规划、土地利用规划、城乡规划为主体的"多规合一"的空间规划。国土空间是一个由自然资源环境与人类社会两个子系统相互作用形成的复杂巨系统[67]，由于对生态、生产、生活空间的互馈影响机制认识不足，以"政策性"融合为主，"技术性"融合不足，多规难以真正合一。国土空间规划目前规划范围还是以传统的市域为空间尺度，没有从规划空间上给出空间规划要解决的关键要素难以协同的问题；流域范围与行政区域的自然差异，客观上造成流域规划管理的不便，河流规划和管理亦呈现出以流经地行政区域管理为主的条块分割状态。考虑水资源具有流域特点，关联经济社会发展的各方面和全过程，建立以流域为尺度的国土空间规划，能从源头上解决要素之间融合难的问题。

流域水生态系统涵盖了从人类尺度，科学安排物理与生物的景观结构与形态，形成了生态学、水文学与流域城市的关系。流域复合了河流沿岸的生态要素、农业、工业和各类生产系统，其中水文过程贯穿生态、生产和生活全过程，与土地利用规划、城乡规划高度协同，并能够形成互馈的核心要素。流域水文过程是在独立的汇水单元进行的，是进行各类功能量化核算的基础。

为了发挥水资源环境对城乡发展和建设规划的统领与制约作用，强化水资源环境保护对基础设施建设的引导要求，改变现行规划编制的层级和次序，评估流域防洪、水生态环境保护，流域水环境功能区划，进而形成流域国土空间规划。流域国土空间规划要确定利用自然空间和河流水系调蓄洪水空间布局，要确定流域水环境保障的流域湿地体系的空间布局，还需与市、县、乡镇的国土空间总体规划、详细规划及专项规划衔接实现指标传导，并对所含小流域相关规划政策的实施进行指导。

设立流域国土空间管理局，在流域层面整合水资源环境管理与土地利用管理、经济发展等多项事权，将水资源环境管理与空间规划的事权关系统一在一个部门管理，更强化了空间规划与水资源环境管理的协调性。在流域层面实现"三生"空间统筹，推动多规合一。

7.4　小　　结

强调流域自然集水特点和流域的生态系统完整性，以水生态功能为目标，以流域集水特征为界限，建立流域、汇水分区、行政辖区的流域国土空间规划。

在流域国土空间规划中，完善流域水系布局，优化水系形态，设计调整流域湿地空间布局，确保流域水资源、水生态和水安全在流域空间上有效落实。

在中小支流的流域空间，落实水环境质量保障要求，形成水生态基础设施网。

利用流域国土空间规划形成"三生"空间统筹，推动规划融合、技术综合。

参 考 文 献

[1] 赵勇，裴源生，陈一鸣. 我国城市缺水研究 [J]. 水科学进展, 2006 (3): 393.

[2] Yang Z, Ma S, Du S, et al. Assessment of upgrading WWTP in Southwest China: towards a

cleaner production [J]. Journal of Cleaner Production, 2021, 326：129381.

[3] 袁可嘉. 现代主义文学研究：上册 [M]. 北京：中国社会科学出版社，1989.

[4] 夏军. 我国水资源管理与水系统科学发展的机遇与挑战 [J]. 沈阳农业大学学报（社会科学版），2011，13（4）：394-398.

[5] 杨晓茹，姜大川，康立芸，等. 构建新时代多规融合的水利规划体系 [J]. 中国经贸导刊，2019（11）：59-62.

[6] 程国栋，李新. 流域科学及其集成研究方法 [J]. 中国科学：地球科学，2015，45（06）：811-819.

[7] 张凌格，胡宁科. 内陆河流域生态系统服务研究进展 [J]. 陕西师范大学学报（自然科学版），2022，50（04）：1-12.

[8] 白军红，张玲，王晨，等. 流域生态过程与水环境效应研究进展 [J]. 环境科学学报，2022，42（01）：1-9.

[9] 陈能汪，王龙剑，鲁婷. 流域生态系统服务研究进展与展望 [J]. 生态与农村环境学报，2012，28（02）：113-119.

[10] Schaeffer A，陈忠礼，Ebel M，等. 植物在修复、固定和重建水生、陆生生态系统中的应用 [J]. 重庆师范大学学报（自然科学版），2012，29（03）：1-3.

[11] 曾琳. 区域发展对生态系统的影响分析模型及其应用 [D]. 北京：清华大学，2015.

[12] 敦越，杨春明，袁旭，等. 流域生态系统服务研究进展 [J]. 生态经济，2019，35（07）：179-183.

[13] 杨京平，卢剑波. 生态恢复工程技术 [M]. 北京：化学工业出版社，2002：207-208.

[14] 张凌格，胡宁科. 内陆河流域生态系统服务研究进展 [J]. 陕西师范大学学报（自然科学版），2022，50（04）：1-12.

[15] WWF（World Wildlife Fund）. Lessons from WWF's work for integrated river basin management//In：Managing Rivers Wisely. 2003.

[16] 何星亮. 建设文化强国必须加强文化观念的整合 [J]. 人民论坛，2017（32）：128-131.

[17] 田义超，白晓永，黄远林，等. 基于生态系统服务价值的赤水河流域生态补偿标准核算 [J]. 农业机械学报，2019，50（11）：312-322.

[18] 马爽爽. 基于河流健康的水系格局与连通性研究 [D]. 南京：南京大学，2013.

[19] Harrington R, Dunne E J, Carroll P, et al. The concept, design and performance of integrated constructed wetlands for the treatment of farmyard dirty water. Nutrient Management in Agricultural Watersheds：A Wetlands Solution. Wageningen：Wageningen Academic Publishers, 2005：179-188.

[20] Kadlec H, Knight R L. Treatment wetlands [M]. Boca Raton, FL：CRC Press, 1996.

[21] Chale F M M. Nutrient removal in domestic wastewater using common reed（Phragmites mauritianus）in horizontal subsurface flow constructed wetlands [J]. Tanzania J Nat Appl Sci., 2012, 3：495-499.

[22] Kumari M, Tripathi B D. Effect of aeration and mixed culture of Eichhornia crassipes and

Salvinia natans on removal of wastewater pollutants [J]. Ecol Eng, 2014, 62: 48-53.

[23] 侯婷婷, 徐栋, 贺锋, 等. 高速公路服务区人工湿地生态系统价值评价 [J]. 环境科学与技术, 2013 (S2): 412-415, 427.

[24] 李红艳, 章光新, 李绪谦, 等. 人工湿地净化高速公路污染的研究 [J]. 安徽农业科学, 2009 (15): 7164-7166, 7191.

[25] 汤萌萌, 孙友峰, 陈茗, 等. 江西庐山中心服务区污水生态处理工程简介 [J]. 交通建设与管理, 2009 (09): 70-74.

[26] Omasa K. Air pollution and plant biotechnology: prospects for phytomonitoring and phytoremediation [M]. Tokyo, New York: Springer, 2002.

[27] 丁菡, 胡海波. 城市大气污染与植物修复 [J]. 南京林业大学学报 (人文社会科学版), 2005 (02): 84-88.

[28] 汤萌萌, 孙友峰, 陈茗, 等. 江西庐山中心服务区污水生态处理工程简介 [J]. 交通建设与管理, 2009 (09): 70-74.

[29] 华海, 周启星, 贾宏宇. 人工湿地污水处理工艺设计关键及生态学问题 [J]. 应用生态学报, 2004 (07): 1289-1293.

[30] Tilley D R, Brown M T. Wetland networks for stormwater management in subtropical urban watersheds [J]. Ecological Engineering, 1998, 10 (2): 131-158.

[31] Gallé L, Margóczi K, Kovács É, et al. River valleys: are they ecological corridors? [J]. Tiscia, 1995, 29: 53-58.

[32] Schueler T R, Zielinski J. Urban stormwater retrofit practices [M]. Center for Watershed Protection, 2007.

[33] Davidson N C. Ramsar convention on wetlands: scope and implementation [M]. The Wetland Book. Dordrecht: Springer Netherlands, 2018: 451-458.

[34] Bullock A, Acreman M. The role of wetlands in the hydrological cycle [J]. Hydrology and Earth System Sciences, 2003, 7 (3): 358-389.

[35] 中华人民共和国住房和城乡建设部组织. 海绵城市建设技术指南——低影响开发雨水系统构建 (试行) [M]. 北京: 中国建筑工业出版社, 2015.

[36] 济南市人民政府办公厅. 关于贯彻落实鲁政办发 [2016] 5 号文件全面推进海绵城市建设的实施意见 [N]. 济南日报, 2016-09-05 (A04).

[37] 杨凌晨. 基于水资源承载力的生态镇总体规划方法研究——以济南南部山区 (西片区) 归德镇为例 [D]. 上海: 同济大学, 2009.

[38] 北京市市政工程设计研究总院. 给水排水设计手册. 第 5 册, 城镇排水 [M]. 北京: 中国建筑工业出版社, 2004.

[39] 济南市规划设计研究院. 济南市城市防洪规划修编 (2015—2020) [M]. 2015.01.

[40] 国家气象中心. GB/T 28592—2012 降雨量等级 [S]. 北京: 中国标准出版社, 2012.

[41] Ahmed F. Influence of wetlands on black-creek hydraulics [J]. Journal of Hydrologic Engineering, 2017, 22 (1): D5016001.

[42] 房亚军, 于川淇, 金鑫. 基于 SWMM-CCHE2D 耦合模型的海绵城市内涝管控效果评价

[J]. 吉林大学学报（地球科学版），2022，52（02）：582-591.

[43] 叶陈雷，徐宗学，雷晓辉，等. 基于 SWMM 和 InfoWorks ICM 的城市街区尺度洪涝模拟与分析：以福州市某排水社区为例 [J]. 水资源保护，2022：1-14.

[44] 刘海娇，于磊，薛丽娟，等. 基于 PCSWMM 的老校区 LID 设施模拟 [J]. 中国给水排水，2016，32（23）：143-146.

[45] 管凛，敖静. 基于 XPSWMM 模型的平原水网城镇防涝规划研究 [J]. 中国给水排水，2014，30（21）：151-154.

[46] 张译心，郝敏，方晴，等. 基于 MIKE FLOOD 耦合模型的新建城区防洪排涝模拟研究 [J]. 中国农村水利水电，2021（11）：90-96.

[47] 曾招财. 城市内涝风险评估及海绵措施减控效果研究 [D]. 武汉：华中科技大学，2020.

[48] 张旭昇，单金红. 改进的 MIKE BASIN 在水库调节计算中的应用 [J]. 人民黄河，2019，41（12）：55-58.

[49] 于敏. 松花江流域水环境管理系统 [D]. 上海：同济大学，2008.

[50] 王若楠. 城市内涝风险等级评估方法及案例研究 [D]. 西安：西安建筑科技大学，2016.

[51] 郑安娜，李建微，陈思喜，等. 城市洪涝风险评估中的软件应用及进展 [J]. 中国安全科学学报，2022，32（09）：118-125.

[52] 朱世云，于永强，俞芳琴，等. 基于 MIKE21 FM 模型的洞庭湖区平原城市洪水演进模拟 [J]. 水资源与水工程学报，2018，29（02）：132-138.

[53] Moussavi S, Thompson M, Li S, et al. Assessment of small mechanical wastewater treatment plants: relative life cycle environmental impacts of construction and operations [J]. Journal of Environmental Management, 2021, 292: 112802.

[54] 杨笑康. 城镇污水处理厂尾水深度处理工艺优化组合研究 [D]. 南京：东南大学，2021.

[55] 中华人民共和国生态环境部. 城镇污水处理厂污染物排放标准 [R]. 2015.

[56] 马爽爽. 基于河流健康的水系格局与连通性研究 [D]. 南京：南京大学，2013.

[57] 邓伟，翟金良，闫敏华. 水空间管理与水资源的可持续性 [J]. 地理科学，2003（04）：385-390.

[58] Horton R. Erosional development of streams and their drainage basins: hydro-physical approach to quantitative morphology [J]. Geological Society of America Bulletin, 1945, 56（3）: 275-370.

[59] 董湃. 基于水文水动力耦合模型的浑河流域排涝区土地利用变化对排涝模数的影响分析 [J]. 水利技术监督，2018（04）：145-148.

[60] 于丹丹. 长江荆南三口水系演变特征及其对调蓄能力的影响 [D]. 长沙：湖南师范大学，2018.

[61] Maidment D R. ArcHydro: GIS for water resources [M]. Redlands: ESRI Press, 2002.

[62] 陆明，柳清. 基于 Archydro 水文分析模型的城市水生态网络识别研究——以"海绵城

市"试点济南市为例 [J]. 城市发展研究, 2016, 23 (08): 26-32.

[63] 董哲仁. 河流形态多样性与生物群落多样性 [J]. 水利学报, 2003 (11): 1-6.

[64] 姚文艺, 郑艳爽, 张敏. 论河流的弯曲机理 [J]. 水科学进展, 2010, 21 (04): 533-540.

[65] 董哲仁, 孙东亚. 生态水利工程原理与技术 [M]. 北京: 中国水利水电出版社, 2007.

[66] 住房和城乡建设部城市建设司, 中国风景园林学会, 中国风景园林规划设计研究中心. 全国城镇生态建设"十三五"发展规划 [R]. 2018.

[67] 裴新生, 钱慧, 杨韫萍. 国土空间协同治理的关键要素识别与策略研究 [J]. 城市规划, 2024, 48 (05): 30-39.

[68] 朱江, 邓木林, 潘安. "三规合一": 探索空间规划的秩序和调控合力 [J]. 城市规划, 2015 (1): 41-47.